「食」の図書館

ハチミツの歴史

HONEY: A GLOBAL HISTORY

LUCY M. LONG
ルーシー・M・ロング【著】
大山 晶【訳】

原書房

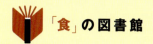

目次

［……］は翻訳者による注記である。

序章◉ハチミツとは何か

ミツバチが作るべたべたした甘い食べ物。ハチミツと聞いて多くの人が抱くイメージはそんなところだろう。私はといえば、子供時代、ノースカロライナ州の西、アパラチア山脈に父方の親類を訪ねたときのことを思い出す。道路脇に並んだ露店にいつも立ち寄っては、瓶詰めのハチミツを買っていた。地元で採れた自家製瓶詰め生ハチミツにはたいていハチの巣の破片が混じっていて、私たちはそれをチューインガムのように噛んだ。一番多いのはサワーウッドとクローバーのハチミツだが、ニセアカシア、ボダイジュ、ポプラのハチミツや、さまざまな野草の花蜜《かみつ》から作られたハチミツもあった。

家庭でミツバチを飼うのはごくあたりまえのことで、木製の巣箱があちこちで見かけられたし、ハチミツの瓶はどの家の台所にも常備されていた。オーブンから出したての温かいコーンブレッドやビスケットにハチミツをたっぷりかけ、溶けたバターとハチミツをしたたらせながら手づかみで

サワーウッドのハチミツ。ノースカロライナ州西部の山地で採取されたもの。

食べたものだ。もちろん指はべたべたになるが、おなかいっぱいで満ち足りた気分になった。

長じて幸運にも世界を旅するようになって、私はハチミツがペストリー［パイやタルトなど、練り粉で作る菓子類］などを作る際の甘味料、もしくは調味料として、変わらず使い続けられていることを知った。温かい紅茶に混ぜるのはもちろん、のどの痛みを鎮めるのにも使われる。だが、身近な存在だからこそかえって、ハチミツの重要性は気づかれにくくなっている。古代文明の時代から現在に至るまで、ハチミツは人間の食生活と健康に大きな役割を果たしてきた。食物としてだけではない。薬、軟膏《なんこう》、防腐剤、坑うつ剤の役割も果たしてきた。死体防腐処理剤、接着剤として使われることすらあった。

ハチミツは昔から神話に登場してきた。宗教儀式でも大きな役割を担っている。神々の食べ物と考えられ、ハチミツに関係した創造神話もあるほどだ。今日でも、言語、芸術、大衆文化において特徴的な役割を果たしている。その甘さは恋愛と関係づけられ、「ハチミツ《ハニー》」という言葉は愛情のこもった呼びかけによく使われる。誠実で正直な発言とハチミツを関連づけた言いまわしもあるし、食品や栄養補助食品や化粧品にハチミツが入っていれば、ナチュラルで高級な印象が強くなる。

では、ハチミツとは何なのか。メリアム・ウェブスター辞典には、「さまざまなミツバチの蜜胃《みつい》で花の蜜を原料に作られる甘い粘着性の物質」とある。あまり食欲をそそる記述ではないし、ハチミツができる過程も魅力的とは言い難い。

ミツバチはストロー状の口吻《こうふん》と呼ばれる部分を使って花の蜜を吸い込み、蜜胃［ミツバチの腹部にある一時的に蜜を貯める器官」と呼ばれる特別な嚢《のう》に蓄える。そこで転化酵素が加えられ、花蜜の二糖類が単糖類に分解される。これが巣のなかで他のミツバチに口移しで受け渡され、巣のミツバチはそれを巣房《すぼう》［ミツバチの巣を構成する六角形に仕切られたひとつひとつの部屋］に吐き戻す。それからさかんに羽ばたいて巣房に風を送り、蜜の水分を蒸発させてハチミツへと変化させていく。ハチミツはミツバチの食糧として蓄えられる。ミツバチの大きさを考えれば、一匹のミツバチが一生の間に作れるハチミツがわずか茶さじ12分の1だというのは驚くにあたらない。私たちが食べるハチミツは、何千とは言わないまでも、何百匹ものミツバチが協力しあった努力のたまものなのだ。

ハチミツの歴史はミツバチの歴史とからみあっている。ミツバチ信仰の歴史、ミツバチからハチミツを採取した歴史、そしてハチミツを確実かつ容易に収穫することを目指した養蜂《ようほう》の歴史だ。ミツバチそのものは文学、美術、音楽といった想像力あふれる分野で題材にされ、養蜂は職業であるとともに趣味でも行なわれてきた。紀元前８０００年にさかのぼる最古の洞窟絵画のひとつには、ミツバチが飛びまわるなか、ハチミツを集める人間の姿が描かれている。西洋で初めて印刷された書物のなかには養蜂の手引き書もあった。

ハチミツはなかなか複雑なテーマだ。ミツバチが作るのはハチミツだけではない。ほかにも「生産物」があり、ハチミツにもよく混在している。「蜂花粉《はちかふん》（ビーポーレン）」（ミツバチが花粉を原料として巣のなかで作る小球。ミツバチたちのタンパク源となる）、プロポリス（ミツバチが樹木から集めた樹脂性物質。巣の「接着剤」となる）、ローヤルゼリー（幼虫や女王バチの餌となるミツバチの分泌物）、蜜蠟《みつろう》だ。これらは料理も含め、昔からさまざまに利用されてきた。

ハチミツをありがたがるのは人間だけではない。格別にハチミツを好むゆえに、ハチミツにちなんだ名がつけられた動物もいる。鳥のミツオシエや、ミツアナグマなどだ。ハチミツといえばクマも忘れてはいけない。また、ハチミツは植物の名にも使われている。たとえばハニーロウカスト（アメリカサイカチ）やハニーサックル（セイヨウスイカズラ）などだ。ハチミツの名は文化的な概念や習慣にも使われている。「糞尿」を集める肥桶《こえおけ》が英語でハニー・バケットと呼ばれるのも、蜜月《ハネムーン》という言葉もその例だ。

ハチミツは、ハチが作ったそのままを食べることもできるし、他の食材と調理して食べることもできる。それもひょっとしたらハチミツの魅力のひとつかもしれない。食物とは「食べるにふさわ

ハチミツをなめるプット［翼の生えた裸の幼児］。ヨーゼフ・アントン・フォイヒトマイヤー作（1750年）。

しいと考えられる物質」であって、文化と切り離せない存在である（食べられるもの、食べるべきものの定義はそれぞれの文化のなかで作り出され、長い時間をかけて変化していくからだ）。人類学者クロード・レヴィ＝ストロースの学説のひとつは食物を重要なファクターとしたものである。「生のもの」が文化によって食物の範疇に含まれるものに変わった、という説だ。たしかに、ハチミツは――ハチに襲われはするだろうが――巣から直接手づかみで食べることができる「生のもの」だ。そして、一定の手順を経て人の手で加工され、料理の材料に利用されて「食物」に変わる。

ただし、人間はハチミツを相変わらず生のままでも食べており、それが最適である場合も多い。ある意味で、ハチミツは文明と「自然」との架け橋になっている。産業化された食品システムが支配する現代世界から、私たちをより自然に近いオーガニックな生活へいざなってくれる、と言ってもよい。そのような生活を送れば、私たちは文化の多様性や過去からの経験や知恵にもっと触れることができるだろう。

今日、ハチミツの未来にはさまざまな不安材料がある。アメリカとヨーロッパのミツバチは危機的状態にあり、トルコをはじめとする多くの国々で存続が危ぶまれている。ミツバチの群れ《コロニー》が減少すると、ハチミツの価格が高騰するだけではない。ミツバチには受粉媒介者としての役割もあるため、人間にとって不可欠な多くの農作物の生産が、下手をすると維持できなくなる恐れがあるのだ。さらに、市販のハチミツには添加物が含まれている場合があり、また、加工処理の方法によってはハチミツが持つ健康効果が弱められてしまう可能性もある。そうなれば、ハチミツはもはや有益で健康的な食べ物とは言えなくなってしまう。

しかしその一方で、養蜂やハチミツ採取を家内工業で、あるいは趣味で行なおうとする人々は増加している。こうした傾向は現代のさまざまな社会的風潮とも結びついており、人々が自給自足、DIY運動、昔ながらの生活や技能、さらには自然な旬の食材や味わいに新たな関心を向けていることの表れだろう。事実、ハチミツは現代の食文化のなかで再び勢いを盛り返しつつあるように思われる。この甘い食べ物について学べば学ぶほど、私たちはハチミツをより深く味わえるようになる。そして、ハチミツイコール「べたべたした食べ物」という認識に留まらず、その価値、歴史、さまざまな利用法にいたるまで、高く評価できるようになるだろう。

第1章◉ハチミツの甘い歴史

ハチミツはミツバチが花の蜜から作る、どろっとした甘いシロップ状の物質だ。ハチミツの歴史は作り手であるミツバチの歴史であるとともに、人間がハチミツ・ミツバチとどうかかわってきたかという文化の歴史でもある。ハチミツを作るミツバチは、もともと中央・南・東南アジア、ヨーロッパ、北アフリカ、さらに中央アメリカに分布していた。天然のハチミツは生のままで腐らず、まったく、あるいはほとんど手を加えずに食べられるので、古代には食べ物としてはもちろん、薬、強壮剤、防腐剤として人々が日常的に口にするものだった。また、宗教や儀式の場でも頻繁に利用された。

ハチミツは人類の歴史において重要な役割を果たし、さまざまなグループの存続に寄与し、ときには歴史の流れを変えることすらあった。今ではその役割も変化し、補助的な甘味料とみなされることが多くなっているものの、ハチミツは多くの文化の食習慣において今なお重要な食品であり続

巣のなかの働きバチ

けている。

ミツバチをつかまえて「飼い慣らす」ことにも、同様の長い歴史がある。人間が探し求めるのはハチミツだけではない。ミツバチ以外の生産物もだ。人間はミツバチが幼虫を育てるのに作った巣房《すぼう》から蠟を採り、ろうそくや封蠟《ふうろう》［瓶の栓や封書の密封に用いられた物質］などさまざまなものを作るのに利用した。ミツバチが樹脂性の物質から作る巣の「接着剤」、プロポリスは、医療用の充塡剤や軟膏として傷や膿瘍《のうよう》の治療に使われた。外勤バチが持ち帰った花粉から内勤バチが作る蜂花粉は、栄養価が高くタンパク質が多く含まれているため、栄養補助食品として利用された。同様にローヤルゼリーも高い栄養価ゆえに珍重される。これはミツバチが分泌する物質で、すべての幼虫は数日間この物質を餌として与えられる。その後は女王バチ候補の幼虫にだけ与えられる。幼虫を食べる文化もあるほどだ。

ミツバチによる穀物の受粉も、かなり昔から行なわれてきた。人間による最古期の記録、つまり洞窟壁画や陶器、伝承、さまざまな文献には、人々がハチミツを集めミツバチの世話をするようすが描かれており、その地域の政治、経済、農業、宗教においてハチミツがいかに重要だったかをうかがわせる。古代にもミツバチの研究に魅せられた哲学者や芸術家がおり、今日の養蜂学へと発展している。

●ハチミツの博物学

ハチミツの歴史は、作り手である生き物、つまりミツバチの物語でもある。ハチミツを作るミツバチは、計2万種にのぼるハナバチのうちの数種類にすぎない。人間の食用となるのは、おもにセイヨウミツバチ（学名 *Apis mellifera*）が作るハチミツだ。ミツバチは花から集めた蜜でハチミツを作る。できあがった物質はまだ水っぽいので、羽ばたいて風を送り、水分をとばす。ミツバチは花の蜜を集める際に受粉も行なう。ゆえにハチミツの歴史は農業の歴史ともかかわりが深い。受粉を媒介することによって、ミツバチはある種の穀物が実るのを助けてきた。こういった穀物は、多数のミツバチがいる地域で栽培されてきた。今日、アメリカで商品作物として栽培されているアーモンドやブルーベリーなどの受粉は、「管理された」ミツバチが行なっている。

ミツバチそのものは、４０００万年ほど前に南アジアか東南アジアで生まれ、広がったと考えられている。もっとも、ミツバチがカリバチから進化したのは1億2500万年前だとする説もある。[1] 昆虫学者は、セイヨウミツバチは約30万年前に誕生し、北アフリカで進化したと考えている。ミツバチは野生のまま周辺地域に広がり、最終的に9種類になった。ミツバチ属（学名 *Apis*）は、さらに巣の作り方の違いで種類が分かれる。それぞれの種は、砂漠から熱帯雨林、寒冷なツンドラまでさまざまな環境で繁殖している。

今日も存在し続けている小型のコミツバチ（学名 *Apis florea*）とクロコミツバチ（学名 *Apis andreniformis*）は、いくつかの亜属からなっている。この種が作る巣板《すばん》［鉛直方向に伸びる平面状の構造。六角柱が集まってできている］は1枚である。南アジア・東南アジア原産のオオミツバチ（学名 *Apis dorsata*）は獰猛に攻撃を仕掛けてくることで有名で、樹上高くあるいは断崖に巣を作る。その仲間にあたるヒマラヤオオミツバチ（学名 *Apis dorsata laboriosa*）は、すべてのミツバチのなかでもっとも大型だが、開放空間に巨大な巣を作る。

他の5種のミツバチ、すなわちトウヨウミツバチ（学名 *Apis cerana*）、サバミツバチ（学名 *Apis koschenikovi*）、キナバルヤマミツバチ（学名 *Apis nuluensis*）、クロオビミツバチ（学名 *Apis nigrocincta*）、セイヨウミツバチは、空洞になった場所（木や岩の断崖や巣箱）に巣を作る。このなかでもっとも有名なセイヨウミツバチは、さらに3つの亜種に分かれる。アフリカ種、東欧種、西欧種である。西欧種は「農業界の人気者」で、人間にもっともよく飼育され、現在、穀物への受粉やハチミツと蜜蠟の製造において中心的な役割を担っている。[2]

悪名高いアフリカナイズドミツバチは自然の種ではなく、ブラジルで交配実験中のハチが逃げたことで生まれた。ヨーロッパ種とアフリカ種の交雑種《こうざつしゅ》で、もともとのアフリカ種は集蜜力《しゅうみつりょく》が低いが、アフリカナイズドミツバチは熱帯気候に強い特性をもつうえ、ハチミツを作ることもできる。新たな環境に順応したこのハチは一般的なミツバチよりも大型かつ攻撃的で、動物や人間を殺す「キラーミツバチ」として知られている。北方への広がりを恐れ根絶を訴える者もいるが、ブラジルの養蜂家たちは、自分たちの身を守りつつハチをうまく使いこなす方法を習得している。

人間は早くも４０００～５０００年前にミツバチを操るすべを習得し、巣箱を携えて旅をした。それにより、さまざまな種が新たな地域に持ち込まれた。セイヨウミツバチはとくにヨーロッパで好まれた。15世紀末、中米を訪れたスペインの探検家たちは、先住民が養蜂と採蜜を行なっているのを見て驚いた（もっとも、現地のハチはもっと小型の種類だったようだが）。１６２２年には北米への入植者もミツバチを持ち込んでいる。最初のいくつかの群れ《コロニー》は全滅したものの最終的には繁殖に成功し、一部のミツバチは逃げてグレートプレーンズ〔北米中西部に広がる大平原〕に広がった。やがてミツバチはロッキー山脈を越える。最初は１８４０年代にモルモン教徒の移住者によってユタに持ち込まれ、１８５０年代には南米周辺を航行する船によってカリフォルニアに持ち込まれた[3]。

同様に、ヨーロッパ種のミツバチは、１８２０年代、新天地でもハチミツを確実に手に入れたいと考えたヨーロッパからの移住者により、オーストラリアにもたらされた。ミツバチはオーストラリアでも繁殖し、多くの群れ《コロニー》が「野生化」し、定着した。今日、養蜂と採蜜は世界中で産業としても趣味としても行なわれている。ハチミツの商業生産は、多くの小規模生産者はもちろん、多くの国々の経済にも大きく貢献している。2005年の主要ハチミツ生産国は――評価基準がさまざまなため多少のばらつきはあるものの――世界全域に広がっている。中国、トルコ、ウクライナ、アメリカ、ロシア、アルゼンチン、メキシコ、インド、イラン、ニュージーランドなどだ。

◉ハチミツの文化史

ミツバチとハチミツの関係が解明されたのは17世紀になってからのことだが、それとは関係なく、人間は数千年間にわたりハチミツを利用してきた。スペインにある8000年前の洞窟壁画には、断崖でハチミツを集める人々の姿が描かれている。また、ヨーロッパでハチミツが1万年前に知られていたことをうかがわせる考古学的証拠もある。東欧のジョージアでは5000年前のハチミツの容器が発見されているし、早くも紀元前2100年頃からシュメールやバビロニアの楔形《くさびがた》文字文書、さらには古代インドやエジプトの文献にハチミツについての言及が見られる。(4) ハチミツが古代中国、インド、マヤ、さらにはアフリカで使われていた証拠もある。人間の食文化としてのハチミツの歴史は古く、そして豊かだ。

何世紀もの間、ハチミツがどのようにできるのか、人間は知らなかった。それにまつわる多彩な伝説が誕生し、ハチミツは神聖視されたり、神々からの贈り物と考えられたりした。ゆえに象徴的

ミツバチをかたどったエジプトのヒエログリフ。ミツバチは王族とエジプトの象徴だった。インテフ王の墓、ルクソール、紀元前2100年頃。

な意味をこめられたり、神々への供物《くもつ》として宗教儀式で使用されたりすることが多かったのも不思議ではない。その名残は今もあり、宗教上の祝日や儀式でハチミツはよく食べられている。また17世紀まで、ミツバチには雌雄《しゆう》の別がなく、何らかの方法で自己創造（自然発生）を行なっていると考えられていた。それによりミツバチはますます神々の力、多産、純潔、規律正しさ、服従、といったことと象徴的に関係づけられるようになった。

古代エジプト人は、ハチミツが神々、とくに主神ラーからもたらされると信じていた。ハチミツを集めるミツバチは神々の化身とみなされ、力の象徴として利用された。あるパピルスには、ハチミツがどのようにして神から生まれたのか、なぜ神々への贈り物にふさわしいのかが記されている。

ラー神が流した涙は大地に落ち、ミツバチに変わった。ミツバチは増え、植物界に属するあらゆる花々の上で働き始めた。こうして蜜蠟が誕生し、ハチミツが作り出された(5)。

ハチミツは死者の防腐処理に使われ、墓にも入れられた。死者が死後の世界で味わうためである。地上におりた神々の化身と信じられていた王族は、ハチミツを塗られ、ミツバチのヒエログリフは下エジプトの王を表した。

古代セム語族の人々は、ハチミツが大地の母アスタルテの贈り物だと信じていた。豊穣《ほうじょう》、母性、愛（そして驚いたことに戦い）の女神である。古代文明は、ハチミツを大地ならびに人間の豊穣の象徴だと考えていた。つまり「大地には乳と蜜があふれ、生命をもたらす液体が男と女の生殖器から流れて」いたのである(6)。この言葉は「約束の地」を表すのによく使われた。

ハチミツは同じく古代インドの神々とも関係があった。紀元前1500年頃にさかのぼる聖典ヴェーダの1028篇の讃歌には、頻繁にハチミツ（サンスクリット語でmadhu）という言葉が登場し、それが雲のなかからもたらされるとしている。彼らはヴィシュヌ、クリシュナ、インドラといった神々を「マーダヴァMadhava」（「ハチミツから生まれた者たち」の意）と呼び、ハチミツを神々の食べ物と呼ぶ。ハチミツは生命と保護の源とされ、生まれたばかりの男児に贈り物として与えられた。「私は汝にこのハチミツを与える。神々が汝を守ってくださるように、汝がこの世界で百回の秋をすごせるように(7)」。ミツバチはまた、神々と人間との連絡係ともみなされ、ハチミツは神々によく捧げられた。これは仏教、さらにはインド文化とヒンドゥー教の影響を受けた他の文化にも受け継がれた。たとえばタイでは、悟りを求めていたブッダがサルからハチの巣を捧げられた故事に倣い、儀式でハチミツを捧げる。(8)

　同様の伝説は古代ギリシアにも数多くある。ギリシアでもハチミツ（melis）は雲から到来すると考えられた。不死を約束してくれる神々の食べ物で、明らかに霊酒《ネクタル》、ハチミツ酒《ミード》、アムブロシアー（ἀ-βροτός）と同一視された（この接頭辞のἀは否定を表し、βροτόςは「死ぬべき運命」を表すので、つまり「死なない」という意味になる）。ハチミツが神から人間に与えられたのは、ゼウスとセメレの息子ディオニュソスがサテュロスたちとどんちゃん騒ぎをした翌日、森のなかにある1本の木のうろをハチミツで満たすよう、ミツバチに命じたことが始まりだという。

　ミツバチをもたらしたのも神々、とくにゼウスである。まだ幼なかったゼウスはメリッサという美しい娘（彼女の名前はギリシア語でハチミツを意味するmeliから来ている）をミツバチに変えた。彼女はそれからゼウスに乳と蜜を与えて育てたという。ミツバチは「メリッサエ」と呼ばれ、「神々の世話人、親友、共謀者」となった。神託を求めデルポイに向かう巡礼者を導く役割も担った。(9) 紀元前8世紀頃にまとめられたとされる『イリアス』と『オデュッセイア』のなかで、ホメロスはミツバチとハチミツを神聖なものと呼んでいる。

　働くミツバチを観察し、科学的に解明しようとしていたギリシア人でさえ、ミツバチがハチミツを作っていることに気づいていなかった。哲学者アリストテレス（紀元前384〜322）は養

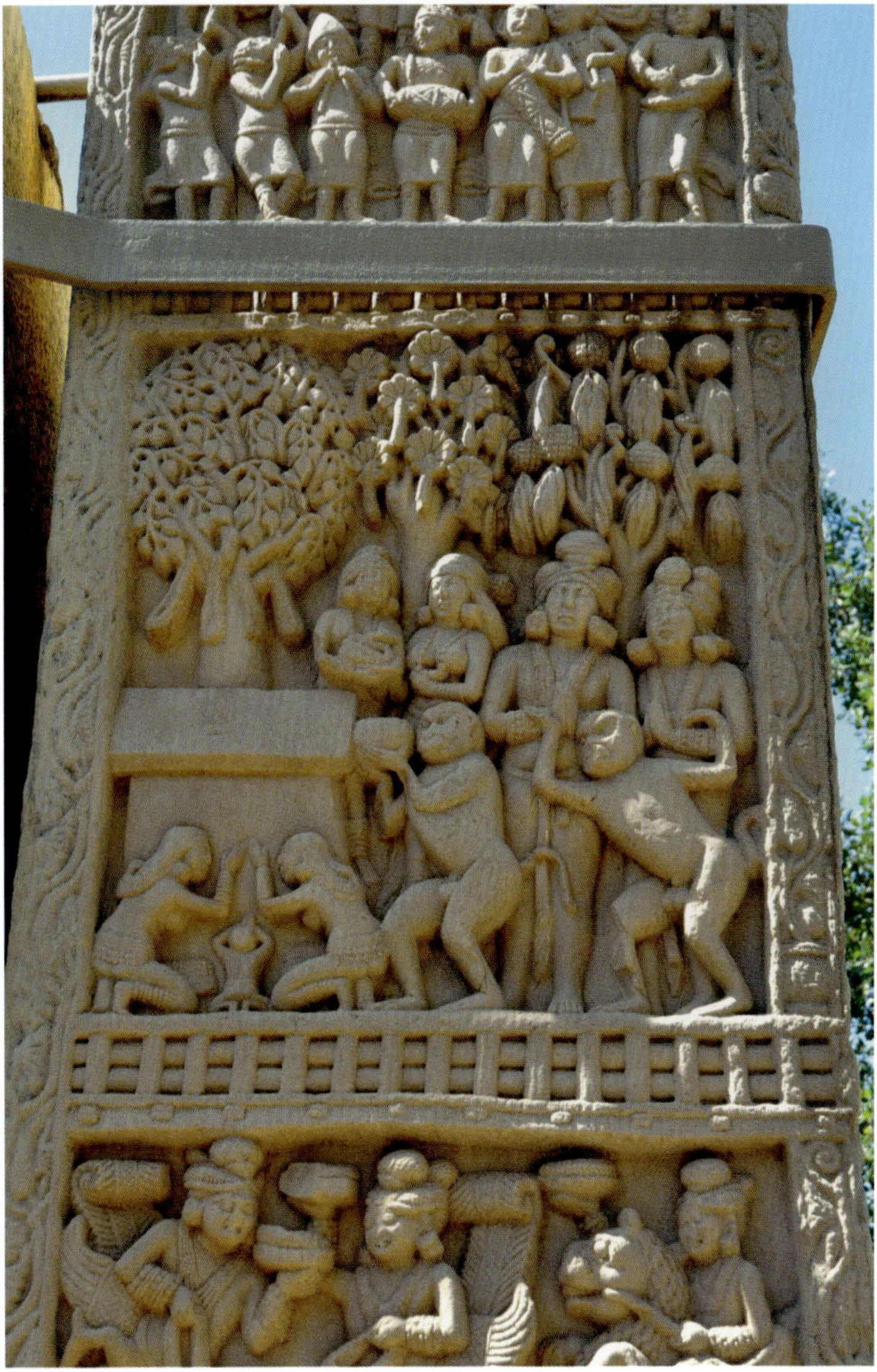

インド北東部、サーンチーにある、紀元前１世紀の石のレリーフ。森のなかで瞑想するブッダにサルがハチミツを献上した伝説が描かれている。

ラオスの僧院の壁画。サルがブッダにハチミツを捧げた伝説を描いている。2006年撮影。

上：4000年前、前期キクラデスⅢ期の陶製の壺。ギリシア、メロス島から出土。ハチミツとオート麦を捧げるための器だったと考えられる。

下：ギリシアの壺。男たちがハチに刺されている。

蜂を試み、観察結果を著書『動物誌』と『動物発生論』に記している。しかし「ハチミツは大気中から落ちてくる。とくに星々の上昇するとき、虹がかかるときに……そういった事象がハチミツを生み出す」というのが彼の見解だ。(10)

ローマの詩人ウェルギリウス（紀元前70〜19）は、ハチミツが「天国で生まれた、空気の贈り物」だと断言している（他の人々と同様に、彼もまたミツバチが子孫を作らず、子供たちを花のなかから運んでくるか、ライオンや雄牛の死体から生まれると考えていた）。大プリニウスは1世紀の著書『博物誌』で、ハチミツについて次のように記している。「これが空の汗であれ、星の唾液であれ、大気から取り除かれた湿り気であれ……すばらしき自然の大いなるよろこびをもたらしてくれる」(11)。ローマ人はハチミツを春の女神で冥界の女王でもあるプロセルピナに捧げた。彼女をなだめ、火山の溶岩となってではなく、春の先触れとして地上に現れるよう願ってのことだ。

イスラムの文献も、天国にはワインと乳とハチミツの川があると描写し、神聖なイメージを与えている。だがその一方でコーランには、人間のためにハチミツを作るようアラーがミツバチに命じ、人間に天然の薬を与えた、とある。「［ミツバチ］は腹から色とりどりの飲み物を出す。その飲み物には人間を癒やす力がある」(12)。

ハチミツがどのようにできると考えていたかはさておき、人間がハチミツについて記録するのは十分意義のあることだった。最古の洞窟壁画のひとつ、スペイン、ヴァレンシア地方のアラーニャ洞窟（蜘蛛の洞窟）の壁画には天然の蜜を集めるようすが描かれているし、有史以来最古の文献に

古代ギリシアの4ドラクマ銀貨。紀元前390～300年頃。

も採蜜への言及がある。ミツバチはもちろんハチミツの品質や効能についての観察も、古代ギリシアとローマの高名な哲学者によって報告されている。また、15世紀にヨーロッパで印刷機が発明されると、養蜂に関する本は聖書に次いでもっとも人気のある出版物のひとつになった。

◉歴史のなかのハチミツ

食料にも活力源にも治療薬にもなったハチミツだが、経済や政治の歴史においても重要な役割を果たしてきたようだ。戦争に使われた例すらある。紀元前401年、ペルシアの黒海沿岸の街トレビゾンドで、ギリシアの侵略軍兵士に有毒植物の蜜から作ったハチミツが盛られた。紀元前67年には、ポンペイウス率いるローマ兵が毒ハチミツを食べている。彼らはたちまち具合が悪くなり、絶命しなかった者も簡単に倒された（ミツバチも戦争で使われたが、それはまた別の話だ)。

ハチミツは貿易や商業においても花形だった。交易を行なっていた古代文化の多くで広く使用され、価値のある商品だったと考えられる。エジプトではファラオの時代――早くも紀元前2500年には、周辺諸国からハチミツを輸入していた。養蜂家はナイル川を上り下りする荷舟で頻繁に巣箱を運び、花蜜を集めては道中ハチミツを売った。他方、南アジアのインダス川流域は紀元前2000~1000年頃にかけて貿易の中心地だったが、出土する遺物からハチミツが重要な商品だったことがうかがえる。紀元前550年から紀元前486年にかけてナイルからインドまで勢力を伸ばしたペルシアも、全域でハチミツを取り引きしていた。ギリシア人、アッシリア人、フェニキア人、ローマ人、アラブ人もみなハチミツを取り引きし、中国も規模では劣るものの、紀元前2世紀から紀元後14世紀にかけて地中海につながるシルクロードのルートで取り引きにかかわっている。中米では250年から900年にかけて、全盛期にあったマヤ人によって取り引きされた。

中世ヨーロッパ(5~15世紀)では、ハチミツは甘味料、食品、防腐剤、薬として、さらには広く飲まれていたアルコール飲料ミードの主原料としてひっぱりだこになった。養蜂は非常に尊敬される職業であり、領主の館や地所には不可欠な技術とみなされた。ビザンティンで10世紀に収集された農業関係の書物のなかには、養蜂を扱った本もある。[13] ハチミツが貨幣、税金、供物の代わりになることも多かった。たとえば11世紀のドイツの小作農は、領主にハチミツと蜜蠟を納めている。

カラフルな木製のハチの巣箱が並ぶ蜂場。ロシア、シベリア。

蜜蠟で作ったろうそく。伝統的な麦わら製の養蜂箱、スケップの形をしている。

ロシアの森林は天然のハチミツが豊富で、採蜜されると国内はもとより、シルクロードも含む国際ルートで取り引きされた。珍重されたのはハチミツだけではない。ミツバチの他の生産物、とくに巣から採った蜜蠟はろうそくを作るのに利用された。哲学者や神学者もミツバチに魅了され、ミツバチの高潔な性質と群れ《コロニー》の複雑なシステムについて思索した。

しかし、西洋におけるハチミツの重要性は17世紀から衰え始める。当時のヨーロッパ諸国は政治や社会の変革期にあたり、さまざまな場面で産業化が進むなか、砂糖の人気が高まるとともに入手しやすくもなっていたからだ（これはスパイスや奴隷の取り引きと結びついていた）。都市部の成長および農村社会から都市社会への移行は、養蜂の崩壊を意味した。その結果、ハチミツは入手しにくくなり、価格も上昇してしだいに贅沢品へと変わっていった。[14] また、少なくともイギリスでは宗教改革もハチミツの衰退を後押しした。古くからハチミツを製造してきた男子修道院の多くが1530年代に閉鎖されたからである。[15] 一方、カトリックのスペインとポルトガルでは男子修道院は生き残り、ハチミツは修道士や修道女の食べ物として、とくに菓子やケーキという形で中心的な役割を果たし続けた。こういった菓子類およびハチミツは、施設の維持費用を捻出する方法として女子修道院で販売されることが多く、祝祭日には一般市民に振る舞われた。ハチミツで作ったタフィーのような菓子、トゥロンは、今なおスペインを象徴する菓子だ。

サトウキビは8世紀にムーア人［北西アフリカのムスリム］によって南ヨーロッパにもたらされたが、当初はハチミツを脅かすことはなかった。砂糖がヨーロッパで頻繁に使われるようになったのは、15世紀に茶とスパイスが「発見」されてからである。ヨーロッパ・オリエント（とくに中国、インド、インドネシア）間でこれらの商品が取り引きされるようになったことが、のちにアフリカとヨーロッパの植民地との間の奴隷取り引きにつながった。ヨーロッパ（とくにイギリス）市場向けの砂糖を栽培させるため、大量のアフリカ人が奴隷船でヒスパニオラ島（現在のドミニカ共和国とハイチ）やジャマイカといったカリブ海の植民地に輸送された。そして、彼らを降ろすと船は新たな奴隷を仕入れるためにまたアフリカに向かうのだった。その頃ヨーロッパとアメリカでは新たに工場が続々と建設されており、大量の労働者が働いていた。砂糖が労働者の安価で簡便なエネルギー源になりうるという発見は、この取り引きの原動力となった。この取り引きはさらに、産業化や都市化、資本主義の隆盛までも可能にした。(16) 19世紀半ばになると砂糖はハチミツより安価になり、ハチミツに取って代わるようになった。

ハチミツは、それでもしばらくの間はさまざまな食文化の一端を担い続けたものの、やがてさほど重要な役割は果たさなくなっていった。必需品というよりは贅沢な甘味料、安らぎの食べ物とでも言うべき存在となり、薬として、あるいは健康のために食べられることもなくなっていった。「伝統食」あるいは「民族食」といった地位に追いやられ、主流とは異なる文化的伝統を守って暮らす人々の食べ物になっていったのである。しかし、養蜂自体は家内工業や趣味として存続し、小規模ながらハチミツの生産は続いた。熱烈なハチミツ愛好者は絶えることなく、1874年には、年に一度のハチミツ品評会（今でも開かれている）が初めてロンドンのクリスタルパレスで開催され

ハチミツの行商人。テキサス州、サンアントニオ。

た。農産物品評会では必ずハチミツが出品され、アメリカ養蜂協会も年次大会を開催し、見本市を開いている。

ハチミツは今も生産されて広く市販されており、とくに先進工業国ではハチミツを加えたさまざまな製品が出まわっている。[17]食料品店、スーパーマーケット、農産物直売所、養蜂家の運営するウェブサイトなど、店の形態はさまざまだ。それはハチミツが生産者に利益をもたらしていることを意味する。統計によれば、2010年だけで130～180億トンのハチミツが、世界中に3000万あるミツバチの群れ《コロニー》から集められた。[18]この数字を見る限り、ハチミツが私たちの食べ物のレパートリーから消え去るとは、とうてい思えない。どちらかと言えば、復活する傾向にある。

第2章◉ハチミツができるまで

ハチミツの真の生産者はミツバチである。人間はこの活力と甘さの天然の源を発見する幸運に恵まれたにすぎない。さらに人間は天然のハチミツをあさるだけでは飽き足らず、ミツバチを「操る」方法を習得した。その結果、ハチミツや他の生産物、とくに蜜蠟を簡単に入手できるようになっている。これらの技術は何世紀にもわたって伝えられ、技術を習得した者は尊敬され、安定した社会的地位を得られた。養蜂は古代エジプト時代から世間に認められた職業であり、今なお職業または趣味として存続している。

◉ミツバチの一生とハチミツ生産

2万種を超えるハナバチのうち、人間に飼育されているのはわずか数種のみだ。その小さなグループの主たるものがミツバチである。ミツバチは厳密に言えば飼い慣らされているわけではないが、人間は巣を自分たちに都合のよい場所に置くことができる。それにより、人間はある程度ミツバチが集蜜《しゅうみつ》する花の種類を管理し、さらにはできあがったハチミツをかなり容易に採取することができる。アメリカ、ジョージア大学でミツバチ研究を主導するキース・S・デラプレイン教授は、養蜂には「管理しやすく、生産性が高いという二重の利点がある。セイヨウミツバチは人間の心と想像力、歴史と経済に特別な居場所を確保した」と述べている。(1)

一般的にミツバチは、ハチ社会のなかでも非常に組織的で独特な地位を占める、実に社会的な生き物だ。ミツバチが社会的と形容されるのは、協力しあって互いの世話をするからであり、一族には繁殖に携わる部門と一族共存のために働く部門がある。(2) それぞれの群れはコロニーと呼ばれ、すべてを支配し、唯一繁殖能力をもつのが女王バチである。女王に仕える少数の雄バチの役目は、女王と交尾することだけのようだ。交尾は空中で飛行しながら行なわれ、交尾した雄バチは自分の体の重みで生殖器がちぎれて死んでしまう。女王は数日にわたり最多で20匹の雄バチと交尾し、それから巣に戻り、巣房に受精卵を産みつける。女王は体内に精子を蓄え、一日に約1500個の卵を生むことができる。3日後に卵がかえると、成虫になりたての若い働きバチが幼虫の世話をし、花粉を食べさせる。幼虫がさなぎを経て成虫になるにはさらに18日を要する。

群れ《コロニー》のなかでもっとも数が多いのは働きバチだ。働きバチは卵の世話をし、幼虫がさなぎになるまで餌をやり、群れ《コロニー》の番をし、巣を掃除する。外界に出て花蜜と花粉を集めてくるのも働きバチだ。また、「ダンス」と呼ばれる驚くべき行動により、さまざまな判断を下し、群れ《コロニー》を導く。さまざま

ウェンセスラウス・ホラーが描いたローマ時代の養蜂。ウェルギリウス『農耕詩』より（ドライデン訳）。1697年。

「ミツバチがどうやってハチミツを作るかご存知ですか？」20世紀初頭のシガレットカード

「ハエとハチミツ壺」20世紀初頭のシガレットカード

な種類の「ダンス」を踊ることで、花蜜と花粉のある方向と距離と質、または水や営巣地《えいそうち》についてて情報発信を行なう。働きバチの寿命はわずか6週間。雄バチは最長で4か月、女王は2年から3年である。

ミツバチは花蜜を蜜胃《みつい》に入れて持ち帰ることによってハチミツを作る。巣で別のミツバチがそれを吸い出し、咀嚼して酵素を出して単糖類に変化させる。前述したように、それを巣房に置き、羽で風を送って水分を蒸発させる。同時に、さらなる酵素を加える。ハチミツの水分が18・6パーセント以下に減少すると、ミツバチは巣房に蠟で薄いふたをする。ふたがされればハチミツが熟成したと考えられるので、養蜂家はそれを合図にハチミツを巣箱から収穫する。

働きバチは一生の間に平均茶さじ10分の1から12分の1のハチミツを作るという。ハチミツ

450グラムを作るには、およそ200万の花を訪ねなければならない。ひとつの巣のハチがアメリカ北部やカナダで冬を越すためには、27キロから45キロのハチミツが必要となる。ミツバチが休まずよく働く労働者と言われるのも当然だろう。ただし、実際にはミツバチはそれほど忙しいわけではないようだ。科学的な観察と研究から、ミツバチが生産性の高い仕事をするのは一日わずか数時間にすぎないことがわかっている(3)。

◉天然ハチミツの採取

野生のミツバチのハチミツははるか昔から採取されてきたし、今も多くの場所で採取されている。ミツバチは、断崖や高木《こうぼく》など、人間からも他の天敵からも安全と思われるへんぴな場所によく巣を作る。人間はそれを探索し、ハチミツの入った巣を取り出す。

ハチミツ採取は危険な仕事だ。適切な装備、つまりブドウのつるもしくはロープで作ったはしごや、ハチの巣を切り離す道具やハチミツの容器などはもちろん、技術、勇気、体力、敏捷性が必要となる。加えて重要なのは、ミツバチを理解すること、巣を守ろうと本能的に刺してくるミツバチにどう対処するかを知っておくことだ。こういった情報は、普通はハチミツ採取を専門とする選ばれた一族や集団のなかで注意深く受け継がれてきた。ハチミツの採取は高度に専門的であり、人々から尊敬され、評価されてきた仕事――最古の文明にも記録が残っているほど価値のある仕事だったのだ。

「ビコルプの人」。断崖のハチの巣から採蜜するようすを描いた旧石器時代の洞窟壁画。今日も一部の地域で行なわれているように、縄ばしごとかごを使用している。スペイン、アラーニャ洞窟。推定8000年前のもの。

先史時代の有名な洞窟壁画「ビコルプの人」は、ハチミツ採取がどれほど困難で危険だったかを物語っている。スペイン東岸のアラーニャ洞窟にあるこの壁画は、長いロープのようなはしごをのぼる人物（おそらく男性）を描いている。はしごは崖の上から垂らされているようだ。その人物は容器を持ち、ミツバチが飛び交うなか、今にも巣に近づこうとしている（おそらく絵のなかのハチは実物より大きく描かれている。鷹くらいの大きさがあるからだ）。壁画のある洞窟は、今では「イベリア半島地中海沿岸の岩絵」として世界遺産の指定を受け、保護されている。スペインでは１９７５年にこの絵が切手のデザインになった。

このような天然ハチミツの採取は今も行なわれており、普通は祖先から代々受け継がれた古代の技術や技能を使うが、これには長い修行期間を要する。たとえば北インドでハチミツを集める人々

木からぶら下がる天然のハチの巣

は、森のなかまでミツバチを追いかけ、木に登って、枝から下がった巣の位置をつきとめる。ヒマラヤ地方のミツバチは崖に巣を作る。崖をよじ登らなければ、目当てのものは獲得できない。ネパールのグルン族は、オオミツバチの巣に近づくために縄ばしごを伝い急な崖を降りるのが、伝統的なやり方だ。スペインのアラーニャ洞窟に描かれている絵と同じ方法である。

アジアの大型ミツバチ（オオミツバチ）のハチミツを採取するには、専門技術に加えて、ミツバチに関する広範な知識と大いなる勇気が必要だ。この種のミツバチに刺されるとかなりの傷を負う。命を落とす人間もいるほどだ。マレーシア北部では、オオミツバチがこの国原産のトアランの木に直径約2メートルの巨大な巣を作る。これは高さ70メートル以上になる、アジアでもっとも高い木だ。ハチミツ採取は一族で行なわれる。技術や伝統を受け継ぐだけでなく、地域の首長から法的な許可を得ている一族だ。

ミツバチ研究者のスティーブン・ブックマンはハチミツハンターのグループに同行し、一週間熱帯雨林で一緒にキャンプした。ハンターたちはまずトアランの木に取りつけるはしごやたいまつ、切断器具、バケツ、ハチミツでいっぱいになったバケツをおろすための滑車装置の準備をする。これにはしきたりがあり、道具はすべて金属ではなく骨、木、あるいは牛革《ぎゅうかわ》で作らなければならない。ハンターたちの安全を守るため、そしておそらくはミツバチへの感謝の気持ちを示すために、秘密の儀式と祈禱が執り行なわれる。実際に採取が行なわれるのは、ミツバチが眠る夜間だ。危険かつ困難な作業が開始される。何人かの男たちが、ミツバチに危険を察知されないよう、明かりなしで木に登る。巣をぶつ切りにしたら、バケツに入れて地面に降ろす。地上ではたいまつを灯し、煙を出してミツバチの感覚を鈍らせる。その一方でたいまつの火花はミツバチをひきつける。ミツバチは光に誘われて地上に集まり、夜が明けると樹上へと戻っていく。(4)

オーストラリアのアボリジニにもハチミツ採取の伝統がある。もっともこの地域では、ハンターに危険が及ぶことはほとんどない。ミツバチに針がないからだ。しかし巣を見つけるのには熟練を要する。ミツバチが樹上高く、それも木の内側に巣を作るからだ。木の幹に耳をあてて、ミツバチのぶんぶん飛びまわる音が聞こえたら、それが巣のある木だ。同様にユカタン半島のマヤ族も、ハチミツを針のない当地のハリナシバチ(学名 *Apidae meliponinae*)から集めた。このハチは木の幹に巣を作るので、マヤ族は木の幹を再現した木製の巣箱を使った。マヤ族の子孫のなかには、今も伝統的な方法で熱帯林の木の幹から天然のハチミツを採取し続ける者たちがいる。(5)

天然ハチミツの採取については興味深い話がある。昔のことだが、ミツバチは子孫を作らず、なぜかはわからないが天空から生まれる、あるいは驚いたことに動物の死骸から生まれると一般に信じられていた。この説は17世紀まで多くの人が信じていて、今も物語のなかに登場することがある。旧約聖書の『士師記《ししき》』にも次のような一節がある。サムソンが死んだ動物にハチミツを発見するくだりだ。

あの獅子の屍《しかばね》を見ようと脇道にそれたところ、獅子の死骸には蜜蜂の群れがいて、蜜があった。彼は手で蜜をかき集め、歩きながら食べた。また父母のところに行ってそれを差し出したので、彼らも食べた。しかし、その蜜が獅子の死骸からかき集めたものだとは言わなかった。

（14章8～9節）

●養蜂

言葉の本来の意味から言えば、ミツバチを飼い慣らすことはできない。だが古代の人々は彼らを懐柔《かいじゅう》する方法を探した。そうすればハチミツをもっと容易に得ることができるからだ。養蜂、つまりハチを飼うための知恵と技術には長い歴史がある。ミツバチが巣作りする場所をこしらえ維持する技術、ミツバチの世話のしかた、ハチミツの抽出方法などが研究されてきた。最初に養蜂が発達したのはインドとエジプトだったようだ。

もっとも、技術の痕跡を残しているのがこれらの文化というだけで、実はもっと古くから行なわれていた可能性もある。ミツバチ研究の権威のひとり、エバ・クレーンは、多くの文化が同じ頃に天然のハチミツを採取し、養蜂の技術を発達させていったと考えている。養蜂に関するクレーンの著書には、養蜂がどのように世界中で発達していったかが詳述されている。(6)

エジプトの文献にハチミツとミツバチが登場するのは、紀元前3500年頃のことだ。紀元前2600年頃に養蜂が行なわれていたことは、エジプトの太陽神殿にある一連のレリーフからうかがえる。男たちが9つある巣のひとつからハチミツを取り出して壺に満たし、押しつぶしてから

イバン族の家に吊るされたハチの巣箱（マレーシアのサラワク州。1896年頃）

封印するようすが描かれているのだ。絵には次のような説明がヒエログリフで添えられている。「ハチミツを運び、煙を吹きかけ、満たし、押しつぶして封印する[7]」。養蜂家はファラオから「ハチミツを封印する者」という正式な称号を授けられ、共同体で尊敬される地位を得ていたが、養蜂は社会のあらゆるレベルで行なわれていたのかもしれない。養蜂家が異なる花や香りの蜜を得るために場所を移動していたという、紀元前3世紀頃の証拠もある。今日行なわれているのと同じやり方だ。

インドもハチミツを広く利用しており、紀元前2000年頃には養蜂が発達していた証拠がある。しかし紀元後200年頃にサトウキビがハチミツに取って代わった。おそらく宗教の影響によるものだろう。インドの主要な宗教である仏教もジャイナ教も、信者が動物を殺すことや、動物から食物を奪うことを禁じたからだ。ハチミツはミツバチの食物なのだから、巣を略奪すればハチが蓄えている食料を使い果たすことになるし、ハチミツを集める際に、巣を守るミツバチを少なくとも何匹か殺してしまうことになる。ブッダはサルが持ってきてくれたハチミツで生気《せいき》を取り戻したと伝説にはあるものの、両宗教の厳格な信者は、ハチミツの採取が教えにそぐわないと考えたのだろう。(8)

紀元前1300年頃のヒッタイトの粘土板にはハチの巣を盗んだ際の罰金が記されており、養蜂が当時中東で定着していたことをうかがわせる。中近東で出土した他の古代文化の考古学的証拠も、養蜂が古くから行なわれていたことを物語っている。イスラエルでは紀元前900年頃の粘土とわらでできた巣箱が見つかっている。ヒッタイト人は養蜂に関してインド（とバビロニアとアッシリア）やギリシアやローマと文化的つながりがあったようだ。古代ギリシア人にとって養蜂は非

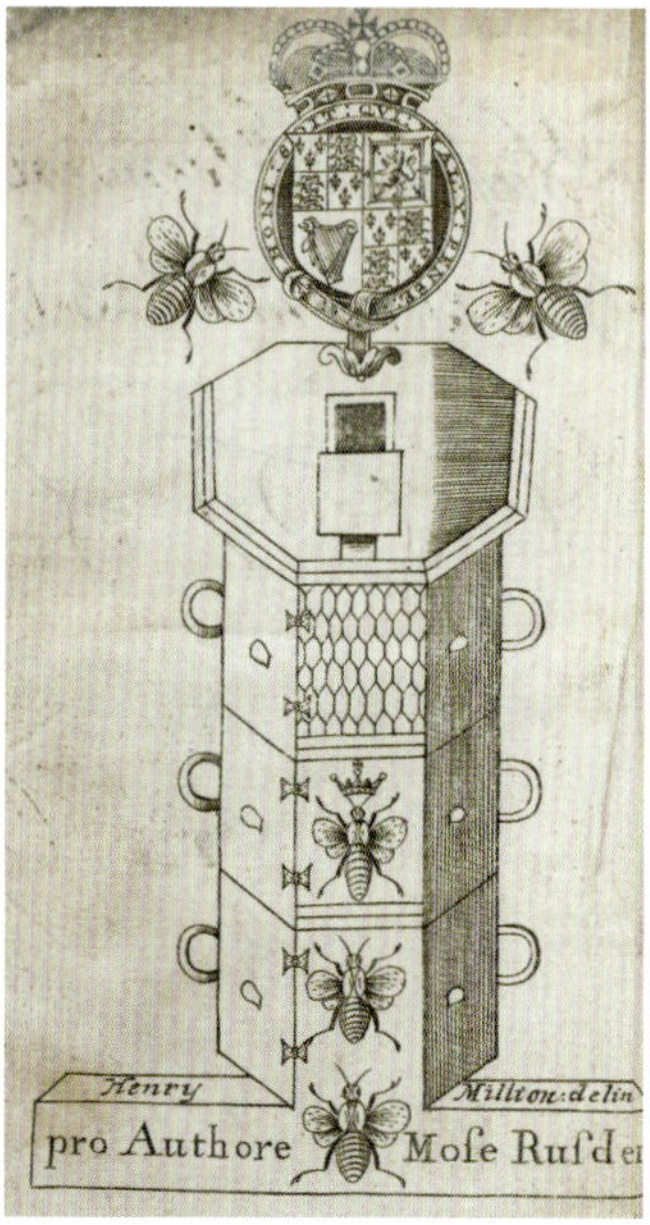

ヨーロッパでよく使用された養蜂箱（スケップ）。14世紀の『健康全書』の挿絵より。

常に重要な営みだったので、ギリシアにはアリスタイオスという養蜂の神までいた。また、アリストテレスをはじめとする多くの有名な哲学者が、ミツバチについて書き残している。紀元前1世紀の詩人ウェルギリウスや、1世紀の作家大プリニウスもそのひとりだ。(9) ウェルギリウスの詩は、ミツバチを秩序ある社会の模範としており、このテーマはその後も世界中で繰り返し論じられることになる。

中国人も早くから養蜂を発達させていた。紀元前6世紀に学者の范蠡《はんれい》が、ミツバチの管理に必要な技術と木製の巣を使うことの重要性について、『経商宝典』に書いている。中米の古代マヤ文明では、この地方原産のハリナシミツバチ（学名 *Melipona beecheii*）が飼育されていた。16世紀にスペインの探検家や入植者は、巣箱を壊さずハチミツを取り出す方法について観察し、記録を残している。森のなかに作られる天然の巣をまねて、くりぬいた丸太に泥や石で詰め物をした巣箱だ。丸太の巣箱のまわりには、自然界のライバルからハチミツを守るための番小屋が建てられた。(10)

養蜂はイギリス諸島から東欧、ロシアにいたるまで、ヨーロッパ全域で行なわれた。ウェールズとアイルランドで貿易に関する法律がおそらく6世紀に制定されたのは非常に重要だ。これは、ミツバチの群れの所有権をどのように決定するか、ハチによる怪我人や死者が出た場合、所有者による賠償がどうなるか、などを定めたものだ。ウェールズにもアイルランドにも養蜂の守護聖人がいる。アイルランドは聖ゴブナイト（英語では「デボラ」）。ミツバチを意味する）だ。ウェールズのミツバチの守護聖人、オッソリーの聖モドムノクは、ウェールズの守護聖人聖デイビッドに教えを

中世の養蜂箱とさまざまなミツバチ

受けた。聖モドムノクは実際にはアイルランド人で、アイルランドにミツバチを持ち帰ったとも考えられる。

ほかにも、カトリック教会が認定したミツバチと養蜂家の守護聖人がいる。聖ヴァレンティヌス（バレンタイン）だ。若者や恋人たちや恋愛の守護聖人であるとともに、養蜂家の守護聖人でもある。4世紀にミラノ司教を務め、純潔を尊んだ聖アンブロジウスも養蜂家、ミツバチ、ろうそく職人の守護聖人で、ミツバチやハチの巣とともに描かれることが多い。伝説によれば、アンブロジウスが幼いとき、顔にミツバチがたくさんとまっていたのを父親が見たという。これは彼が将来「説得力のある能弁家（ハニー・タン）」になる予兆だった。

12世紀のフランス人修道士、クレルボーの聖ベルナルドゥスも守護聖人のひとりだ。彼はその能弁さで、「なめらかな博士」あるいは「蜜が流れるような博士」と呼ばれるようになった。ベルナルドゥスが評判になったのは、彼の「イエスは口のなかのハチミツだ」という教えのためかもしれない。教会内部で無節制な振る舞いが横行していることに批判的だったベルナルドゥスは、宗教改革、さらにはのちの神秘神学に大きな影響を与えた。ミツバチとハチミツの神秘を連想させるにはふさわしい人物かもしれない(11)。

カトリック教会が養蜂を承認していたのは驚くにあたらない。養蜂の技術はキリスト教世界全域の修道院で実践され、高められていた。ひとつには、ろうそくを照明に使う修道院では、ハチの巣からとれる蜜蠟が非常に重要だったからである。また、ハチミツを原料とするミード（ハチミツ酒）

は、多くの修道院にとって貴重な収入源となった。敬虔さよりミードで有名になった修道院もあるほどだ。中世の時代、修道院は学術的な知識の宝庫でもあり、ギリシアやローマの文献研究を奨励していた。それにより、古代の人々のミツバチに関する考察が失われず、修道院の研究機関から養蜂に関する本や手引き書が生まれた。

1450年頃の活版印刷の発明以来さまざまな書物が印刷されるようになったが、最初に印刷されたなかには、1世紀のローマ人コルメラの『農事論 *De re rustica*』など、養蜂に関する著作も含まれていた。また、養蜂に関する重要な本としては『ミツバチに関するさらなる発見 *A Further Discovery of Bees*』が1679年にモーゼス・ラスデンによって出版された。彼はチャールズ2世に任命された最初の「国王のミツバチの達人」である（しかし「一般人」は、ミツバチや採蜜に関して自分たちが受け継いできた昔からの言い伝えと習慣に従って作業を行なっていた）。

19世紀に入ると養蜂に関する本は数え切れないほど出版された。各種の団体も多数誕生している。1861年にはアメリカン・ビー・ジャーナルが創刊、1873年にはグリーニング・イン・ビー・カルチャーがオハイオ州メディナで創刊された。今ではほとんどどの国にも養蜂団体があり、国の公的機関となっているものもある。たとえばアメリカの農務省は法令を定め、養蜂に関する小冊子を発行している。

一方ミツバチの世話をする養蜂家は、崇高とも言える関係をしばしばハチとの間で結ぶ。彼らはハチの邪魔をしないためには巣箱のまわりをどう動けばいいのか熟知しており、自分のミツバチに

養蜂。ミツバチを飼育し採蜜するようすを描いている。1885年、木版画。

国立農業研究センター、ミツバチ研究所の農学者 W.J. ノーランが冬の強風に対する養蜂箱の覆いの効果を説明している。1939年4月11日。メリーランド州ベルツビル。

OLDEST BEE PAPER IN AMERICA
THE AMERICAN
BEE JOURNAL
ESTABLISHED IN 1861

業界紙アメリカン・ビー・ジャーナル（1861年創刊）のロゴ

けっして刺されない者もめずらしくない。おそらくヨーロッパから伝わった慣習なのだろうが、アメリカでは養蜂家が死ぬと、飼っていたミツバチにそれを告げ、巣箱を黒い布で覆わなければならない。そうしないと、ハチが新たな飼い主を探して巣箱から出ていってしまうのだそうだ。ミツバチが飼い主の葬儀に参列したという新聞記事もある。

◉養蜂箱

養蜂の歴史というと、ミツバチの群れ《コロニー》が巣を作る養蜂箱の設計に焦点が絞られることが多い。人工の巣箱は古代エジプトの時代から作られていたが、1682年にヨーロッパの養蜂は大きく一歩前進した。この年、イギリスの聖職者ジョージ・ウェラーが著作のなかでギリシアの養蜂箱を紹介したのである。これは今日の養蜂家があたりまえに使用している可動式巣枠《すわく》の先駆けともいうべきもので、ハチミツを取り出すのに巣箱を壊す必要がなく、ハチも殺さずに済んだ。私たちが知っている今日の近代的な養蜂箱が最初に設計されたのは、1789年のことである。スイスの博物学者フランソワ・ユーベルが、巣板を取り外せる木製の養蜂箱を考案した。これならハチミツがいっぱいになったら取り出して空の巣板と交換することができる。1838年、ユーベルの養蜂箱はポーランドのヤン・ジェルジョンによって改良された。

現在、養蜂家の多くが使用している養蜂箱は、1860年にアメリカ人ロレンゾ・ラングストロスが開発したものである。彼は「ミツバチのためのスペース」という発想を採り入れて、従来の

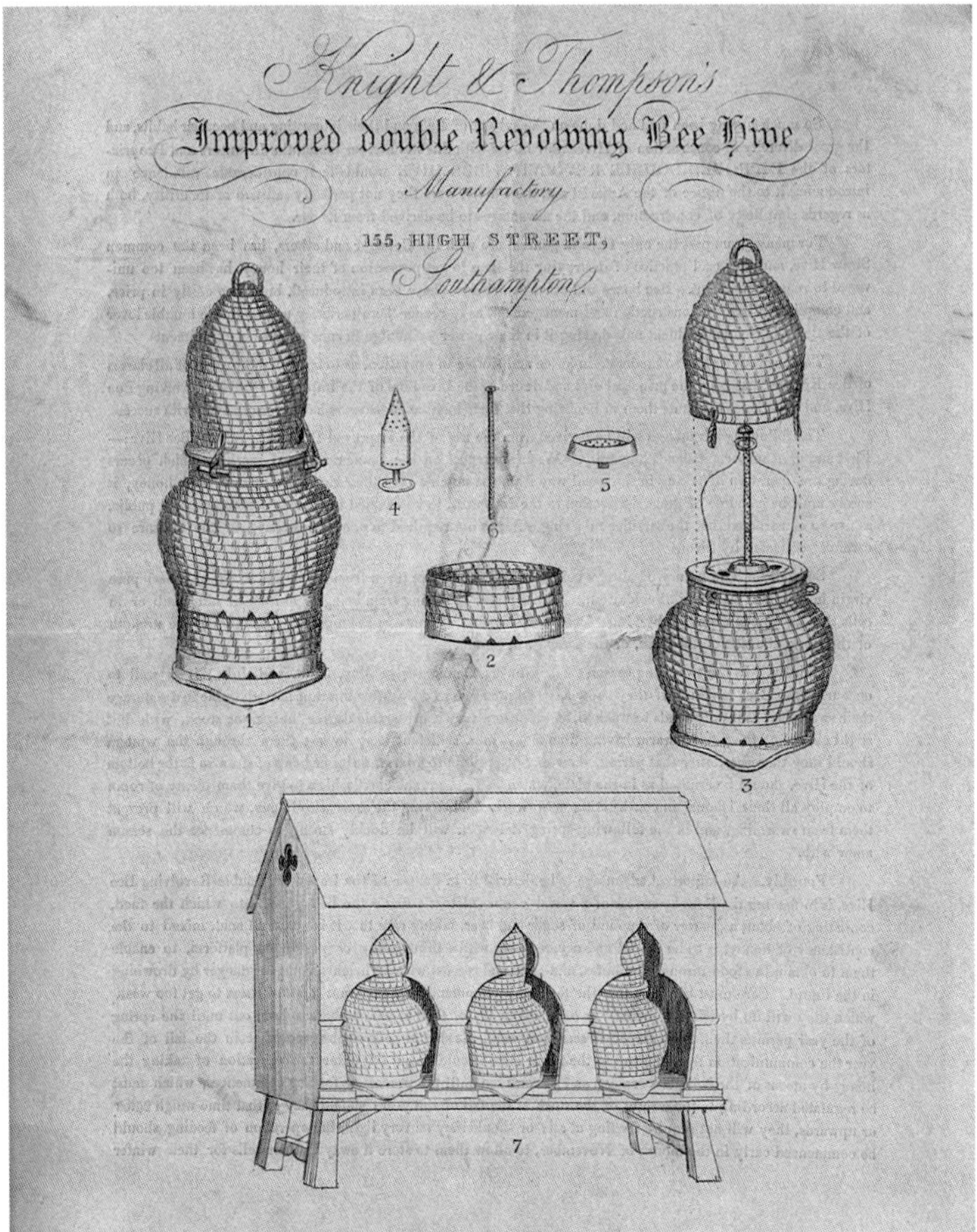

養蜂。特許を取った養蜂箱の広告用ちらし。1886年以降。ナイト＆トンプソンの名が記されている。

アメリカ農務省農事試験場の科学者ネーサン・ライスとアンディ・ウルザーマーが、ワシントンDC、農務省本部ホイッテンビルディング屋上にある養蜂場で、ふたつの群れ（コロニー）から採蜜しているところ。2014年。

デザインを改良した。つまりミツバチが動きまわれるよう、巣のなかに隙間を作ったわけだ。ラングストロスの養蜂箱は、巣板を再利用できるよう可動式の木枠に固定する仕組みだ。木枠は「スーパー」と呼ばれる巣箱に収められる。これらのスーパーは互いに積み重ねることができた。可動式の巣板が考案される以前は、ミツバチがひとシーズンに作れる蜜蠟の量で、ハチミツの生産量も決まっていた。ラングストロスは巣板を使い捨てにしないことでミツバチの負担を減らし、ハチミツの生産量を増大させた。

ミツバチを傷つけず、採蜜の際ハチにかかるストレスを最小限にしようと、養蜂家は新たなデザインの養蜂箱を模索し続けている。また養蜂に携わる人間の側からも、より安全で、ミツバチの世話や採蜜がもっと容易にで

採蜜のために養蜂箱から取り出した巣枠を持つ男性。1940年代。

きるデザインが求められている。

◉飼育バチからの採蜜

「飼育している」ミツバチからの採蜜は、基本的に天然のハチミツを集める方法と同じである。巣枠をはずすには、あらかじめミツバチに煙を吹きかけておく。ミツバチがおとなしくなったらブラシで払い落とし、巣枠を養蜂箱からはずす。ハチミツを取り出すには、まず巣にふたをしている蜜蠟（蜜蓋《みつぶた》）をナイフあるいは電動ナイフで取り除かなければならない。はずした巣枠を容器に立ててハチミツをしたたらせる方法も可能だが、もっとも一般的なのは、手動あるいは電動の遠心分離器にかけることだ。巣板を回転させると遠心力でハチミツが飛ばされ、分離器の底にたまる。その後、巣枠と蜜蠟でできた巣板は養蜂箱に戻す。ミツバチが作業を再開し、巣を再び蜜で満たすことができるようにだ。巣枠をはずすにはある程度の力が必要で、ミツバチを（養蜂家も）傷つける可能性があるので、そういった問題を改善しようと新たな養蜂箱の試作が今も行なわれている。たとえばオーストラリアで開発されている養蜂箱は、可動式の巣枠を必要としない。代わりにハチミツはチューブを通って養蜂箱から流れ出す仕組みだ。

養蜂箱から取り出されたハチミツはそのまま壺や容器に入れてもよいが、一般的には幼虫や巣のかけら、ミツバチの死骸、小枝その他の不純物を取り除くために濾過される。フィルターの細かさはさまざまで、もっとも高度な処理をすれば蜂花粉やプロポリスも取り除くことができる。結晶を

上：ベツレヘム家禽の農場で、養蜂箱から巣板を持ち上げてみせるイーサン・セーフィー。

下：手動の遠心分離器。

ワシントン州の小さな町に置かれた養蜂箱

溶かすためにハチミツをゆっくり加熱する生産者もいるが、これは徐々に、注意深く行なわねばならない。ほとんどの小規模生産者はまったく熱処理を行なわない（ただし採蜜の際、多少温めてやると遠心分離器からハチミツが流れ出やすくなる）。

ハチミツ生産者のなかには、巣板ごと収穫する者もいる。切り取ってハチミツと一緒に瓶に詰めるのだ。もっとも、巣板をかたまりで売る養蜂家もいる。こういった養蜂家は、巣ごとハチミツを食べられる巣蜜《コムハニー》を作るために、ハチの巣板作りを促進する特別なスーパーを使う（「ドローイング」と呼ばれる）。

◉ハチミツ産業

ハチミツは家内工業でも作られるし、大規模な市場販路をもつ生産業者によっても作られる。後者は300以上の養蜂箱を持つ生産者を指し、養蜂組合は持続可能な生産のための適正水準を維持しようとしている。米国ハチミツ協会によると、2012年の時点でアメリカの養蜂家の数は11万5000から12万5000だという。[12] そのうち転地養蜂を行なっているのは約1200だ。ハチを連れて国じゅうをまわり、穀物、とくにアーモンドとブルーベリーに受粉する。どちらもミツバチによる受粉に依存しているからだ。中国は世界最大のハチミツ輸出国で、アメリカは輸出量も輸入量も多い。アメリカで群れ《コロニー》を5以上持っている養蜂家が管理するミツバチは、2014年に8万トンのハチミツを生産している。[13] 中国とアメリカのほかに、アルゼンチンとトルコもハチミツの主要生産国となっている。

21世紀の最初の10年間に、アメリカの養蜂家はハチの健康に影響を及ぼす多くの問題に取り組まざるをえなかった。ハチに寄生し死に至らしめるバロアダニ、群れ《コロニー》全体が謎めいた失踪を遂げる蜂《ほう》群《ぐん》崩壊症候群（CCD）、そして農薬や殺虫剤の問題だ。たとえ故意でなくとも、農薬はハチに害を及ぼしたり生息地を全滅させたりするなど、不幸な事態をまねく。一方で、現代の庭園、公園、公共の場、さらにはゴルフコースなどの娯楽施設が美しいと言われるためには、ミツバチに有益な多くの植物がじゃまな存在となる。たとえばミツバチにとってタンポポはすばらしい栄養源だが、たいていは雑草とみなされ、しばしば根絶やしにされる。

健全なミツバチの群れ《コロニー》が失われてしまうと、大小双方の養蜂業に深刻な影響が及ぶ。ハチミツの生産量が減ると市場価格は当然上昇し、多くの消費者はハチミツを贅沢品とみなし、高い値段では買いたくない、買えないと考えるようになる。価格を抑えるためにハチミツをコーンシロップや他の食材で稀釈するという手もあるが、そんなことをすれば地場産業は衰退してしまう（ハチミツの品質や味がだいなしになるのは言うまでもない）。また、アメリカでは輸入ハチミツのほうが地元で生産されたものより安い場合が多い。しかし規制がもともと緩いため、消費者は薄められた製品を購入しているとも考えられる。いずれにしろこういった安価な輸入品は国内の生産者に悪影響を及ぼし、アメリカのミツバチ産業を脅かしている(14)。

もちろんすべての輸入品が薄められているわけではないし、安価なわけでもない。専門店などでは純粋なハチミツを見つけやすい。たとえば東欧のソバのハチミツ、ギリシアのハチミツ、ニュージーランドの製品などだ。地方で生産された薄めていないハチミツは、今ではおもに健康食品のチェーン店、農産物直売所、高級食料品店で手に入る。

現在、ミツバチの健康とハチミツの価格をめぐる懸念は世界中に広がっている。まずは、消費者が自分たちのためにも自然環境のためにも、健康と味の観点から上質なハチミツの良さにもっと気づき、甘いしずくに隠された豊かな伝統を理解することが大切だ。そうすれば、よろこんでお金を払い、ミツバチとその生息環境を守るための対応策をとりたいと消費者自身が考えるようになるだろう。

第3章◉ハチミツを食べる

ハチミツは世界最古の食べ物のひとつである。主成分は糖（果糖とブドウ糖）で、水分が17〜19パーセント、抗酸化ビタミンとミネラルと酵素も含む。大さじ1杯で約64キロカロリー。香り高く強烈な甘さが口いっぱいに広がり、活力を与えてくれる。甘いシロップのような液体は単独で食べることもできるが、他の食べ物や飲み物に甘味料として加えたり、食材として使ったりもできる。ときには食材をまとめるつなぎの役割を果たしたり、保存料として使われたりすることもある。

ハチミツのなかにミツバチの他の生産物が混じっていることもある。ミツバチが卵や幼虫をしまっておく巣房《すぼう》の材料となる蜜蠟《みつろう》、幼虫、ミツバチが植物樹脂から作る膠《にかわ》のようなプロポリス、蜂花粉（ハチミツの材料ではなく、ミツバチの食料となる花粉の玉）、未来の女王バチ候補の幼虫が特別に食べるローヤルゼリーなどだ。これらは独立した食品として食べられることもあるし、ハチミツに混入したものがそのまま口に入ることもある。プロポリスや蜂花粉やローヤルゼリーに人間は注目しているが、量があまりに少ないため、食事としてとるのではなく、栄養補助食品として利用される。だがどれも自然にハチミツのなかに混入しており、求めて食べることもあれば知らずに食べてしまうこともある。ハチミツとこういった生産物は、昔から世界各地で毎日の食事や象徴的な食事や儀式に登場してきた。

今ではさまざまな形、さまざまな品質のハチミツが入手できる。さまざまな機関が品質に関する規定も設けている。砂糖に比べるといくぶん高価だが、自然で健康的で、食べるとほっとする食品だと考えられるようになってきた。ただし、ハチミツは万国共通の食べ物のように思われるが、厳格な菜食主義者、一部の仏教徒、そしてジャイナ教徒の多くは、倫理上あるいは宗教上の理由で食べることを禁じている。

ハチミツの味わいはミツバチがどの花の蜜を集めたかによって異なり、使われる花の種類と同じくらい多様だ。また、どの地域で集蜜されたかによっても異なる。フランスには「テロワール」という概念がある。農作物が作られた土地の環境を反映し、土地ごとに味わいが異なるという考え方だが、非常に甘くて濃厚なハチミツにもその概念は適用できる。土壌、気候、周辺の動植物の種類が植物とその蜜に影響を与え、その結果、ハチミツの味わい、成分、品質にも影響を及ぼす。そしてさらに、ハチミツを食べる私たちを、自然や特定の場所や特定の文化と文字通り結びつけてくれる。

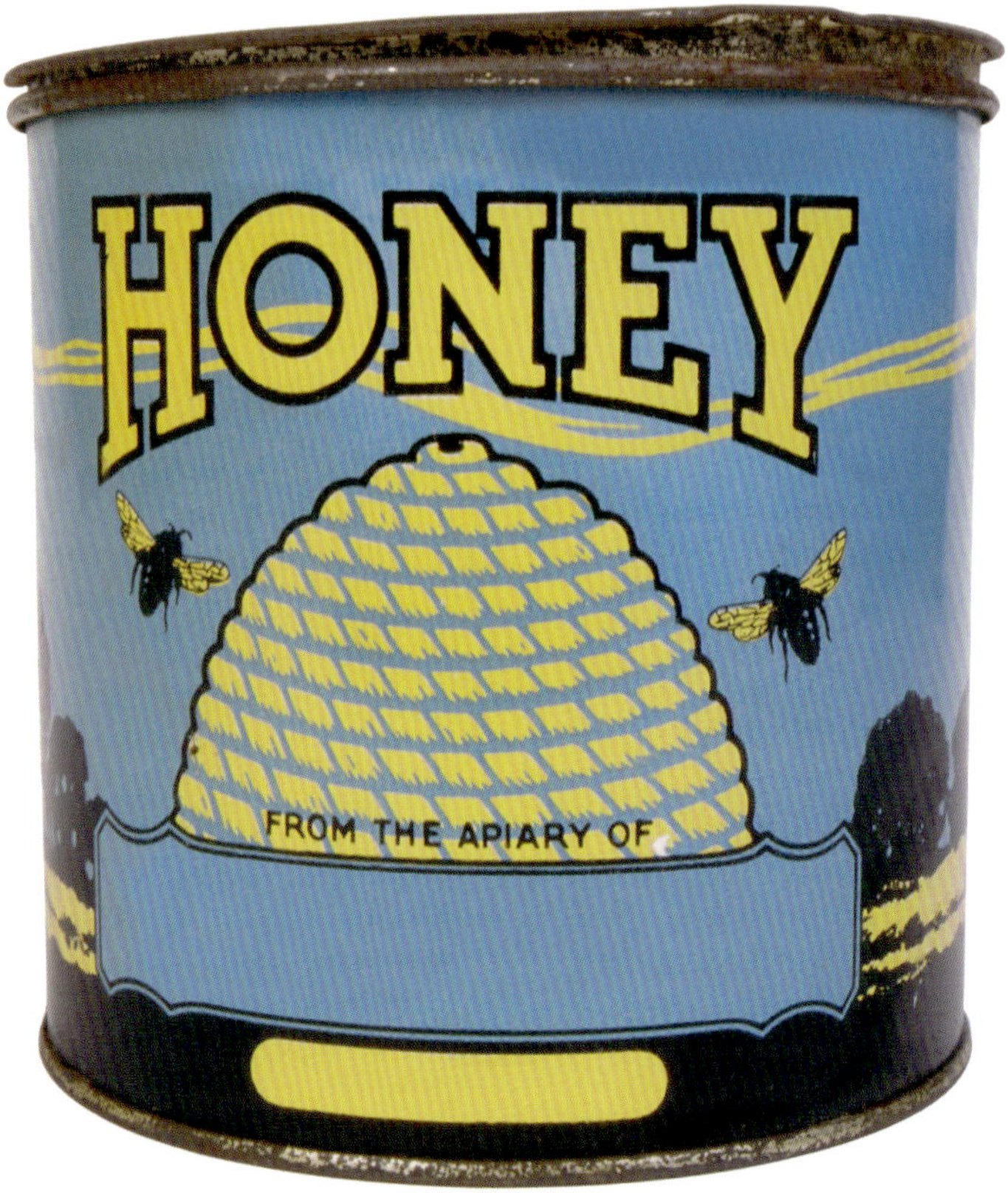

ハチミツの缶。ミツバチと、麦わら製の伝統的なスケップ（養蜂箱）が描かれている。

◉古代のハチミツ

古代の人々はいつでもどこでもハチミツを見つけたら食べていたようだ。もともと中央アジア、南アジア、東南アジアで採取されていたハチミツは、のちにスペイン東岸、他の地中海地域、中央アフリカ、南アフリカ、中米でも食べられるようになった。

古代の人々も、現代の狩猟採集民も、そして生ハチミツの熱烈な愛好者も、ミツバチの巣そのものを食べ物とし、幼虫、プロポリス、蜂花粉、ローヤルゼリーはもとより、ハチミツに混入したミツバチの死骸や小枝まで一緒に食べることもある。神話や書物にミツバチの巣がたびたび登場するのは、古代の食事においてハチミツが非常に重要な存在だったからだろう。インドでは、紀元前6世紀から紀元前4世紀頃、悟りを開き断食を終えたブッダに、菜食主義者でも食べられるよう、幼虫まできちんと取り除いたハチの巣を一匹のサルが献上したという。また聖書にも、紀元後33年、磔刑《たっけい》後に復活したイエスが弟子からミツバチの巣を捧げられたとある。アレクサンドロス大王は、紀元前331年から327年の中央アジア遠征の際、コーカサス山脈の天然のミツバチの巣を称賛している。ミツバチの巣がおいしいごちそうであるだけでなく、健康によいと考えられていたことは明らかだ。

はるか昔から、ハチミツは重要な調理材料だった。古代エジプト、ポンペイ、シュメール、バビロン、ギリシア、ローマの文献には、レシピもいくつか載せられている。庶民があたりまえに食べ

壺のかけら。書かれている文字から、中身がハチミツだったことがわかる。エジプト、紀元前1390 ～ 1352年頃。

ていた穀物の粥に、ハチミツは甘味料としてよく加えられていたようだ。しかし金持ちや王族はもっと凝ったハチミツの食べ方をした。小アジア西部でミダース王の墓を発掘した考古学者たちは、2700年前のミード（ハチミツ酒）とともに、カラメル状のハチミツとフェンネル［ハーブ。和名はウイキョウ］で作った菓子のかけらを発見している[1]。

　裕福なエジプト人は、「動物や鳥や虫をかたどって焼く」小麦粉パンにハチミツを使った[2]。ギリシア人はイミトス山で採取された有名なハチミツを、ワイン、粥、魚、サラダの風味づけに使っている。ローマの宴会では肉や魚にハチミツとビネガーのソースがかけられ、チーズやチーズケーキにもハチミツがかけられた。ハチミツオムレツなどというものもあり、ハチミツ飲料を飲んだ。4世紀頃の料理書『料理の題目 *De re coquinaria*』にはハチミツを使ったレシピが数多く掲載されている。この本は1世紀にティベリウス帝とアウグストゥス帝の料理アドバイザーを務めた達人、マルクス・ガビウス・アピキウスのレシピを大いに参考にしているという。

ギリシア人やローマ人は、日常でも儀式でもハチミツで作ったケーキ――ハチミツと粉がほぼ同じ割合――をよく食べた。神々への供物、魔よけのお守り、愛情のしるしや土産など、場面に応じてさまざまな形に作られたようだ。小麦粉、ハチミツ、ゴマを材料としたハチミツケーキは男性器と女性器の形に作られ、農業と豊穣の女神デメテルに捧げられた(3)。

世界の他の地域でも、ハチミツは昔から料理に使われてきた（残念ながらレシピは残っていない）。古代インドでも食べられていたと考えられる。ブッダが悟りを開いた際、ハチミツのかたまりを食べたと言われているからだ。ハチミツはおそらくインド亜大陸全域で、平たいパンや揚げドーナツの材料として使われた。上から振りかけて、ハーブやゴマなどをパンにくっつける接着剤の役目を果たしたようだ。グラブ・ジャムンはおそらくここから始まったのだろう。牛乳、小麦粉、バター、油、カルダモン、砂糖もしくはハチミツで作った揚げドーナツを、サフランやバラ水やカルダモンで風味づけした甘いシロップにひたす、インド全域で見られる菓子だ。インドや中央アジアの人々は、おそらくギリシア人と同じようにヨーグルトにハチミツを混ぜただろうし、今日もこの地域で飲まれているヨーグルトをベースにした飲み物、ラッシーの甘みづけにも使っただろう。

中国では、ハチミツは少なくとも漢の時代（紀元前202～紀元後220年）には香味料として使われ、ショウガ茶に甘みをつけるのにも使われていた。中華料理ではハチミツは目立たない存在だが、8世紀の唐の詩人李白《りはく》は、その多様性と豊かな味わいを称賛している。中央アジアには、ミツバチが繁殖して以来のハチミツ料理の伝統があるようだ。中央アジア、地中海地方、中東全域

窪俊満（くぼしゅんまん／ 1757 〜 1820）『蜂とハチの巣、ハチミツ用のさじと箱』

で昔から文化が交流していたことは、今日、バクラヴァのようなハチミツ菓子が広範囲に見られることでわかる。

アラブ地域や北アフリカでは、ハチミツは甘味料として、とくにセモリナ粉で作った粥に使われていた。デーツ［ナツメヤシの実］も甘みづけに使われており、もっと簡単に栽培できるので、必要性や入手しやすさ、価格の面ではデーツのほうがハチミツにまさっているようにも思われるが、古代ヘブライ人は聖典のなかでハチミツの甘さに頻繁に言及しており、ハチミツが慣れ親しんだ価値ある食べ物だったことをうかがわせる。

マヤ、インカ、オルメカ、ミステク、トルテカ、アステカといった中米の文化は、トウモロコシで作ったパンや飲料の甘みづけに天然のハチミツを使った。おそらく9000年ほど前のことだ。森に巣を作る、この地域原産の針のない野生のハチから蜜を採取したが、養蜂も行なっていた。16世紀にこの地を訪れたヨーロッパの探検家たちは、非常に進歩した養蜂箱が使われているのを見て驚いたという。ミツバチそのものもおそらく食用にされており、ハチミツは肉やチリペッパーはもちろん、豆、トウモロコシ、カボチャといった土地の食べ物の風味づけに使われた。ハチミツを塗って焼いたカボチャはメキシコでおなじみのデザートだが、その始まりはかなり古いと思われる。

●ヨーロッパ文化におけるハチミツ

古代の中欧、北欧、西欧の人々は、天然のハチミツも養蜂によるハチミツも食べていた。イギリス諸島ではかなり昔からハチミツ料理の伝統があったようだ。キリスト教が伝来する以前にアイルランド、ブリタニア［イギリスまたはグレートブリテン島の古称］、ガリア（フランス）のケルト族が信仰していたドルイド教の祭司たちは、ブリタニアを「ハチミツ諸島」と呼んでいた。これはブリタニアにミツバチがたくさんいて、ハチミツが豊富に採れていたことの表れだろう。(4) イギリスはのちにタイムハニー［タイムの花からとったハチミツ］で、スコットランドはヘザーハニー［ヒースの花からとったハチミツ］で有名になり、修道院はハチミツと蜜蠟を採るためにミツバチを飼育した。

ウェールズとアイルランドには、その守護聖人とミツバチとハチミツに関係した伝説がある。ある日、ウェールズに住む青年のもとに天使が現れ、こう告げたという――30歳で息子を授かり、その息子はハチの巣に象徴される「雄弁な賢者」として名を上げるだろう。お告げどおり、息子は聖デイビッドとして人々の尊敬を集めた。デイビッドは実際、養蜂を行なう修道院を国じゅうに設立している。修道院がハチミツ生産に力を入れたのはミードの原料になるからだろうが、ハチミツは貧者にも施され、甘味料や食べ物としてだけでなく、おそらくは薬、強壮剤、防腐剤としても使われた（ろうそくを作るために蜜蠟も使った）。

なぜミツバチがアイルランドで繁殖したかを説明した伝説もある。ウェールズの聖デイビッドの修道士、聖ドムノク（またはモドムノク）はアイルランドを目指し海峡を3度渡ろうとしたが、ミツバチが彼についてきて、船から離れない。聖ドムノクはミツバチを戻そうとウェールズに引き返したが、ミツバチは別れるのを嫌がった。そこでドムノクは聖デイビッドから祝福を受け、ミツバチを連れてアイルランドに渡り、そこに修道院を建てたという。ミツバチは繁殖し、ハチミツはこの地域の料理の伝統的な食材として定着した。

古代のスラブ、スカンジナビア、ゲルマンの人々もミツバチを飼い、ハチミツを食べるのはもちろん、他の醸造飲料に甘みをつけたり、ミードを作ったりするのにも使用した。当時これらは、たんなるリフレッシュのための飲み物ではなく栄養を取るための食べ物と考えられた。伝説や神話にこういった酒がよく登場するのは、人々の食生活の重要な部分を占めていたことの表れだろう。ギリシア人と同様に古代ゲルマン民族も、ハチミツと牛乳と溶かしたバターを混ぜ、子供向けの栄養豊富な飲み物をこしらえていた(5)。

中世のヨーロッパ人は、ハチミツをそのまま食べるよりミードの材料にするほうが主だったが、それでもパン(ケーキ、ビスケット、平たいパン、パンケーキ)や、甘くて風味のよい食品にかけるソースに使っていた。ソースは古くなった肉の「傷んだ」味をごまかすのに役立つばかりか、ジューシーさや香りも加えるうえ、健康効果も期待できた。フードジャーナリストのビー・ウィルソンは次のように述べている。「砂糖が一般的になるまで、ハチミツはたんなる甘味料以上の存在だった。他の食材の欠点を補い料理の味をぴたりと決める食材として、高く評価されていた(6)」。食べ物に黄金色の照りをつけるためにも使われたかもしれない。そのほうがずっとおいしそうに見えるからだ。

ハチミツケーキはどんな粉でも焼くことができる。一般的には小麦粉、ライ麦粉、オーツ麦粉だ。スパイスがよく使われるので、スパイスケーキやジンジャーブレッドと呼ばれることもある。古代

ハチミツ入りのスパイスクッキー。オハイオ州パーマのウクライナ人の食料品店で購入。

ギリシアや中世イタリアでは、さまざまなデザインの型に入れて焼いた。愛情の印や土産物として贈ったり、祝祭日によく食べたりする菓子である。たとえばドイツでは、豚をかたどったレプクーヘン（ジンジャーブレッドのような焼き菓子）を、今でも新年の祝祭に作る。ハチミツは粥（中世の料理フルーメンティ）やパンにシロップとして使ったり、振りかけたりもする。とくに、円形の鉄板で焼かれたパンケーキのようなフラットブレッド（庶民のための標準的な食べ物だった）にかけて食べることが多い。

ハチミツは肉、果物、卵の保存にもよく使われた。ハチミツで包むと長持ちするのだ。ハチミツは包んだ食品と一緒に食べてもよいし、調理の際に使ってもよい。ハチミツと水で煮た肉と野菜のように、甘い香りの食べ物や食材を前菜として出す習慣は、ここから来ているのかもしれない。肉と野菜を煮込んだ東欧の伝統料理ツィメスは、この時代から受け継がれてきたとも考えられる。

甘味料、薬、保存料として使われていたハチミツが、西欧で砂糖に取って代わられ始めたのは17世紀初頭からだ。砂糖、香辛料、奴隷貿易をつなぐ新たな海上貿易ルートが確立したことで、砂糖を比較的安く販売できるようになったのである。とはいえ、スペイン、ポルトガル、オランダ、イギリスその他のヨーロッパ列強が建設した植民地にはミツバチも持ち込まれた。北米の新世界ではメープルシロップ、廃糖蜜《はいとうみつ》［砂糖を精製する際に生じる副産物］、ソルガム［サトウモロコシで作ったシロップ］などもよく使われるようになっており、ハチミツは砂糖はもちろん、こういった甘味料とも張りあわなければならなかった。オーストラリアではイギリス人による開拓ののち、19世紀に養蜂が始まり、ハチミツが手に入るようになった。やがてこの国はハチミツの主要生産国および消費国となる。

◉21世紀のハチミツ

今日、ハチミツは世界中で手に入る。あらゆる食文化で小さいながらも居場所を確保しているようだ。食べ物や飲み物に加える甘味料として。デザートや甘い軽食の材料として。つや出し、ソース、ディップ、肉や野菜の調味料として。パンやケーキのスプレッドやシロップとして。バターや

ハチミツ味のシリアル。健康的で栄養価の高い食品というシリアルのイメージにハチミツを重ねている。

バクラヴァを売る男性（テルアビブ）

チーズやヨーグルトに混ぜ込まれたり、甘味類、シリアル、焼き菓子、薬、とくに薬用のど飴の風味づけに使われたりすることもある。

ハチミツは儀式や祝祭の料理にもよく登場する。とくに中東、東欧、中央アジアの食文化にその傾向が強い。ハチミツは甘美な人生や新年への期待を象徴しているのだ。たとえばユダヤ人のしきたりでは、ロシュ・ハシャナ（新年祭）にハチミツケーキ、過ぎ越しの祭りにはハチミツ、クルミ、リンゴで作ったハロセットという料理［ユダヤ人が奴隷時代に作ったレンガを象徴している］を食べる（中世ヨーロッパでは、勉強が楽しくできるようにという思いを込めて、ユダヤ人の子供はアルファベット板にハチミツをぬりつけてもらう習慣があった）。イランなどでも新年をハチミツケーキで祝う。仏教徒にはハチミツを捧げる儀式があるし、多くの文化が特別な菓子の伝統的なレシピにハチミツを使っている。たとえば中米の揚げ菓子ソパイピージャ、地中海と中東のバクラヴァ、

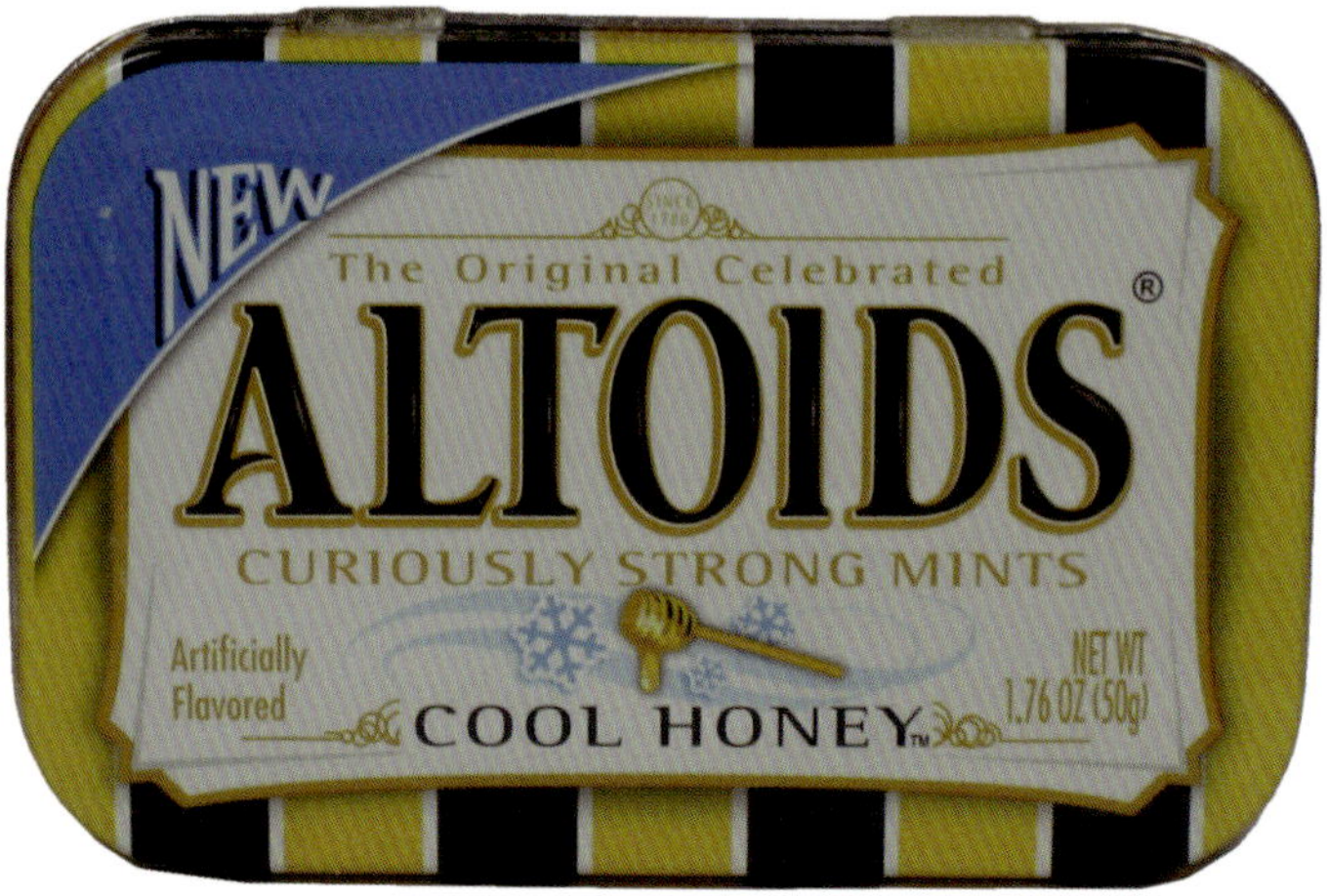

アルトイズ社のタブレット菓子、「クールハニー味」。

東欧のハチミツケーキとビスケットなどだ。砂糖に比べて高価であることが、こういったハチミツのごちそうをいっそう特別なハレの日の食べ物にしている。

多くのハチミツファンは、ハチミツは生のままが一番おいしく、調理すると風味、質感、栄養価が損なわれると主張する。たとえばフードライターのビー・ウィルソンは、次のように述べている。「もしすばらしいハチミツが手に入ったら、そのままヨーグルトやおいしいパンと一緒に食べるのが一番だ……上等なハチミツを料理に使ってはいけない。もったいない」(7)。とはいえ、ハチミツの魅力のひとつは、さまざまな状態で楽しめることにある。もちろん生のままでもよいし、ただなめるのでもよい。スプーン、小枝、自分の指など、巣や容器からハチミツを移すのにどんな道具を使おうと楽しめる。

すぐに食べられるおやつなら、ハチミツの「スティック」がある。ハチミツの詰まった、ストローくらいのプラスチック製チューブだ。片端を破ると（食いちぎったり、切ったりしてもよい）ハチミツを搾り出せる。さまざまなハチミツを試せるのもよいし、個包装にしたことでべたべたした液体を簡単に食べられる。「スティック」のハチミツには香料が加えられており、普通なら思いもよらない香りのものも多い。シナモン、ピンクレモネード、チョコレート、キャラメルほか、実に種類が豊富だ。

ハチの巣もハチミツと一緒に食べることができる。とくに養蜂家や、ハチミツを巣ごと売っていた昔ながらのやり方に慣れている人は食べるようだ。ヒマラヤ、ボルネオ、イエメン、オーストラリア、中央アフリカには、今もハチの巣を食事として食べる人々がいる。[8] たとえば、つい１９５０年代まで、中央アフリカのムブティ族は食事の70パーセントを野生のハチの巣に頼っており、一日に９００グラムも食べていた。[9]

今日、ハチミツは砂糖や他の一般的な甘味料に比べて非常に高価になっている。とくに人工甘味料、つまり工業化された食品システムでもてはやされているブドウ糖果糖液糖に比べると高い。ハチミツの食品としての地位は世界各地で下落しているものの、ハチミツはさまざまな方法で、断固として使われ続けている。それには数えきれないほどの理由がある。たとえば、食文化において重要な食品だから、昔からずっと作り続けられているレシピだから、祝宴において重要な意味をもつ食品だから、個人レベルで価値ある食品だから、健康を意識した生活を送りたいから、などだ。もちろん個人的嗜好も関係するが、本物のハチミツの味わいを知っている人ほど、ハチミツを高く評価する傾向がある。

◉ハチミツを食べることの倫理性

ハチミツは甘蔗糖《かんしょとう》［サトウキビを原料とする砂糖］や甜菜糖《てんさいとう》［砂糖大根を原料とする砂糖］に比べ、自然で環境にやさしい甘味料だとよく言われる。サトウキビは植民地主義や奴隷貿易の歴史と結びつけられることが多く、現在では高度な加工処理をされ、産業的かつ資本主義的な食品システムの一部となっている。一方のハチミツは自然界との関係を保ち、大規模に生産し（とくに大手スーパーマーケットで）販売する企業はあるものの、小規模な養蜂家や農産物直売所などでも広く手に入る。ハチミツを購入する人間は政治や道徳に高い意識を持っているのだと考えられ、「多数派と異なるライフスタイル」、つまり菜食主義や厳格菜食主義（ヴィーガニズム）と関連づけられることも多い。しかしハチミツは動物が作り出すものであり、前述したように巣からハチミツをとる過程で殺されてしまうミツバチもいる。ゆえに厳格菜食主義者（ヴィーガン）のコミュニティではハチミツを食べることの是非をめぐる議論が交わされ、食べない選択をする厳格菜食主義者も多い。「動物に対する搾取、虐待はけっして行なわない」という彼らの信条に反すると考えるからだ。(10)

紀元前6世紀にインドで始まったジャイナ教も動物の殺生を禁じている。したがってハチミツを食べることも許されない。仏教も同時期にインドで誕生したが、やはり動物の殺生を禁じ、ミツバチを殺すと悪いカルマを生む、と信じている。それにもかかわらず、ハチミツは薬としてはもちろん、健康的で縁起の良い食べ物としても重要な地位を保持している。そしてブッダは、誠実で感じの良い話し方を形容するのに「ハチミツの舌」という言葉を使っている。ユダヤ教とイスラム教では、ハチミツはそれぞれコーシャーとハラル、つまり食べてよい食品だと考えられている。ミツバチそのものは不浄と考えられているのだが。

◉ハチミツの味わい

ハチミツの味わいと色は、どの花の蜜を集めるかで決まる。一種類の植物から作られるハチミツを単花《たんか》ハチミツと呼ぶが、他の蜜がまったく混じっていないわけではない。一方、複数の植物から作られるハチミツを百花《ひゃっか》ハチミツと呼ぶ。ミツバチの行動範囲は、巣から5キロ圏内だという（8キロだという説もある）。そこで養蜂家は蜜を集めたい植物から1ないし1・5キロ以内の場所に養蜂箱を設置する。単花ハチミツになるか百花ハチミツになるかは蜜源《みつげん》植物によって決まる。また、特定の植物と関係の深い地域もあり、そういった地域名ができあがったハチミツに冠せられる場合も多い。ハチミツに関する多くの本には、有名な産地、蜜源植物、そして関係するハチミツが列記されている。ハッティー・エリスはハチミツに関する著書『世界のハチミツ90種 *Around the World in 90 Pots*』のなかで、蜜源植物別に90種のハチミツを紹介している。[11]

その土地ならではの特別な風味を持つハチミツとしてもっとも有名なのが、ギリシアのタイムハニーとギリシアの山腹でとれるハチミツだ。後者にはマジョラム、タイムその他のハーブのハチミツが含まれる。スコットランドのヒース、フロリダのヌマミズキ、南アパラチアのサワーウッド、

アパラチア南部産の「夏アザミ」ハチミツと、野草のハチミツ。

ニュージーランドのマヌカ、タワリ、ブナ、オーストラリアのユーカリ、ブルガム、チーア、イタリアやスペインのトチも有名だ。アルブッス（イチゴノキ）はサルディーニャとポルトガル産が名高い（イタリアではコルベッツォロハニーと呼ばれる苦みのあるハチミツ）。ハンガリー、ブルガリア、ルーマニアのアカシアは、アメリカ南東部ではハリエンジュとも呼ばれる。中欧のソバ、ブラジルのクリスマス・ベリー、エチオピアのコーヒー、ロシアのクローバー、ヒマラヤのバルサムなどもある。ドイツ、東欧、ロシア、キプロス、メノルカ島、スコットランド、ギリシアも、独特なハチミツで有名だ。

　ハチミツには明らかに生産地ならではの味わいがあるが、クローバーやアルファルファなど、農業が行なわれている場所ならどこででも栽培されている植物も蜜源となる。そのため、現代のハチミツはテロワールがあまり顕著ではない。市販のハチミツはブレンドされていることが多く、あまり特徴のない標準化された味わいだ。

●ハチミツの品質

ローマの詩人オウィディウスは、ハチミツの品質は「ミツバチを生み出す死体の品位」で決まると信じていた[12]［ギリシア時代には、ミツバチはライオンや雄牛の死体から生まれると信じられていた］。今ではほとんどの養蜂家が、ハチミツの品質はミツバチが集めた花蜜の品質で決まるということを知っている。ただし、19世紀のアメリカの詩人エミリー・ディキンソンは次のように述べている。

ハチミツの血統なんて
ミツバチにはどうでもいいこと
いつだってミツバチにとっては
クローバーが貴族なのだ[13]

ハチミツの品質については、公的機関による規制があるわけではないが、推奨されるガイドラインは存在する。米国ハチミツ協会は、ハチミツを「自然が作った食材」と宣言し、アメリカで見られる300種を超えるハチミツの品質、質感、色、成分、味わい、出所に関する評価方法を示している。たとえば色については明るいものから暗いものまで分類し（色が暗いほうが体によく、風味も強い）、味わいについて描写する際にはスプーン一杯のハチミツを口のなかで溶かしゆっくり舌全体に広げるのが一番よいと示唆している。

アメリカの農務省（ＵＳＤＡ）も、市販されるハチミツを分類するための「基準」を定めている。それによれば、ハチミツにはふたつのタイプがある。まずは目の細かいフィルターで濾過されたもの。これにより生ハチミツの不純物はすべて、もしくはほとんど取り除かれる。もうひとつのタイプは濾し器の目が粗く、花粉の粒、小さな気泡、微細な小片がハチミツのなかに残っているものだ。ＵＳＤＡはさらに水分含量、さまざまな欠点の有無、風味と香り、透明さを審査し、等級を与える。Ａ級が一番高品質でＣ級が一番下だ。[14] ＥＵはハチミツの名称を保護し、さまざまなタイプのハチミツを地理的表示保護（ＰＧＩ）と原産地名称保護（ＰＤＯ）に基づいて認証している。個々の国々も検印を与えている。

巣から回収されたハチミツは、さまざまに加工され、包装される。ハチミツ業界には特定の用語があり、それらはラベルやマーケティング用の説明書によく印刷されている。たとえば「リキッド・ハニー」は現代のハチミツにもっともよく使われる言葉で、ナチュラルタイプのハチミツを指す。ただし「リキッド」とは言っても一般的な液体よりはどろっとして粘着性があり、通常はガラス瓶などの容器に入っている（クマの形をしたプラスチック容器もある）。このタイプのハチミツは簡単に注いだりスプーンですくったりできるが、べたべたしているので容器からきれいに空けたり別の料理や食べ物に（あるいは人の口にも）移したりするのがむずかしい。棒の先端がずんぐりとしていて溝を切ってある専用のハニーディッパーがあると便利だ。

「巣蜜《コムハニー》」もナチュラルタイプだが、蜜蠟がついていたり、濾過せずに巣のかけらが混じっていたりする。蜜蠟を噛むのを楽しむ人もなかにはいるが、通常は食べない（巣がハチミツの味わいにプラスになるとは思えないが、ナチュラルなものを食べているという気分にはひたれる）。ミツバチの幼虫や他の生産物とともに、おそらく巣も昔から食べられてきた。今も巣を普通に食べている文化もある。

「固められた」あるいは「クリーム状にした」、「ホイップされた」ハチミツは、非常に便利で面倒がない。結晶化したハチミツを液体ハチミツに混ぜると全体が流れにくくなり、クリーミーな食感が得られる。色合いも少し変わり、透明な金色ではなく不透明になる。ホイップされたハチミツはパンや焼き菓子用の甘いトッピングによく使われ、サンドイッチにもあう。液体のハチミツと違って、パンに染みこまないからである。

ハチミツのパッケージには、養蜂箱から取り出してどのように加工されたかについての記載もある。ハチミツの質は「濾過」しても変わらないが、熱を加えると変わる。だから熱処理されたかどうかを確認することは重要だ。養蜂箱の温度は通常約35℃である。温度が高いとハチミツは簡単に流れ出てくれるし、混入しているかもしれないバクテリアも死ぬ。しかしハチミツの健康に役立つ成分もいくらか失われる。生のハチミツは養蜂箱の通常の温度以上に温められることはないし、目

PURE
RAW
hone
Producer/Packer
HUNGRY HILL FAR
Nelson County
Shipman, VA 22971
Ph: (434) 263-5336
NET WT. 16 OZ (453 g)
巣の入った「生」ハチミツ

の細かいフィルターも濾し器も通っていない（花粉や蜜蠟がいくらか含まれている）。生のハチミツは熱処理を加えたハチミツに比べて体によいと言われているものの、結晶化が早く、ハチミツについて不案内な人が「腐っている」と誤解することもある。また、生のハチミツはどろりとしており、飲み物や食べ物に混ぜるにはよいが、べたべたしているので、その質感を嫌ったり不便だと感じたりする消費者にとってはやっかいだ。低温殺菌処理していないハチミツとは、つまり生ハチミツのことだ。

一方、低温殺菌済みのハチミツは熱処理を施されている。醱酵を引き起こす酵母菌を殺すためだ。わずか71℃の熱を短時間加えるのが理想だが、生産者が理想の方法をとるとはかぎらない。付け加えれば、「低温殺菌された」という言葉は、多くの消費者に清浄と安全という印象を与えがちだ。品質がよく安心な食品だ、と思い込ませる言葉である。

ハチミツはそれだけでも食べられるし、他の食材と混ぜても食べられる。ナチュラルな純ハチミツには添加物、保存料、合成の食材は加えられていない。また、「薄めていない」と記載されたものは、薄められたハチミツよりも値段が高い。天然ハチミツは「ブレンドハチミツ」とも呼ばれる。さまざまな蜜源から採ったハチミツがブレンドされているからだ。もちろんミツバチがブレンドしたわけではなく、人間の加工業者と流通業者が採蜜後に行なう。ブレンドはマーケティング上の理由だけでなく、味を調整するために行なわれることも多い。とくに色が濃いめのハチミツは味にくせがあると消費者が気づいたからだ。異なるタイプのハチミツを混ぜることで、よりおいしくでき

養蜂箱から出したてのハチミツを味わうロシアの子供たち。20世紀初頭。

るし、より均一な味わいにもできる。生産者や小売業者は、消費者に信頼できるいつも通りの（概してマイルドな）味わいを届けなければならないと考えているので、これは重要な工程である。

クローバーハチミツはアメリカで一、二を争う人気のハチミツで、そのマイルドな香りと味わいは、多くのアメリカ人にとってなじみ深いものだ。クローバーは北米原産の種もいくつかあるが、他の種は輸入されて繁殖した。クローバーは今では市販のハチミツ用の蜜源としてもっとも一般的な花になっている。市販されているクローバーハチミツは、味の均一化を図るために、さまざまな地域のさまざまなクローバー（タチクローバー、アカツメクサ、イエロークローバー、シロツメクサなど）からとった蜜がブレンドされているのが普通だ。

ハチミツの取り引きでもうひとつよく聞かれる

分類が「オーガニック」である。消費者にはいくぶんまぎらわしい用語だ。ハチミツはすべてミツバチが作るので、どんなハチミツも間違いなくオーガニックだからである。もっともここで言うオーガニックとは、農薬や除草剤にさらされていない植物の花蜜から作られたハチミツを指している。オーガニックハチミツのなかには、非GMO、つまり蜜源植物が遺伝子操作されていないことをうたっているものもある。こういったハチミツは価格が高くなりがちで、論議を呼んでいる（とくにハチミツの品質や長所が遺伝子操作によって損なわれると主張する人々によって）。

アメリカでは遺伝子組み換え生物（GMO）そのものについて賛否両論があり、そういった生産物が悪影響を及ぼすという主張にすべての消費者と科学者が賛成しているわけではない。しかしEUはGMOの使用を禁じ、遺伝子組み換え食品の輸入を厳しく規制している。それはさておき、オーガニックハチミツは、現代の産業的農業が環境や健康に与える影響を懸念する消費者にかなり好まれている。その結果、こういったハチミツは大手スーパーマーケットや健康食品店や農産物直売所でよく見かけられるようになってきた。

第4章◉ハチミツを飲む

ハチミツは食べ物として食べられてきたのと同じくらい長く、液体の形で飲まれてきた。飲料としての利用は、おそらく食べ物としてよりもっと広範囲に及ぶだろう。茶、レモネード、チョコレートといった比較的素朴な飲み物から、酢飲料、水、アルコール系飲料（ワイン、エール、ビール、ウイスキー）にいたるまで、他の飲み物に甘みをつけるのに使われてきたからだ。ハチミツに水を混ぜて放置すると自然に醱酵してハチミツ酒（ミード）になる。おそらく人類最古のアルコール飲料だろう。これは他の物質と混ぜても醱酵する可能性がある。こういった飲み物の呼び方は紛らわしい。「ハチミツ酒」が文化や時代によって、しばしば「ハチミツワイン」と呼ばれることもあるからだ。また、その飲料が醱酵していたかどうかが、歴史的記録から必ずしも明確なわけではない。

ハチミツをベースにした飲み物は、昔から体力回復、栄養補給、食事への風味づけのために使われたり、薬として飲まれたりするほか、祝祭、式典や宗教儀式にも使われてきた。ミードはとくに神話、民間伝承、歴史のなかで重要な役割を果たしてきたが、現在も人気で、比較的古いレシピが多数復活し、ハチミツへの新たな評価につながっている。

◉ハチミツを使ったノンアルコール飲料

おそらく一番簡単な飲み物で、古代ギリシアでも飲まれていたのは、ハチミツの水割りだろう。巣は入れたかもしれないし、入れなかったかもしれない。4世紀のローマの学者ルティリウス・タウルス・アエミリアヌス・パラディウスは、4種類のハチミツ飲料について書いている。ヒュドロメル（ハチミツと水）、ロドメル（バラの花びら入り）、オムパコメル（果汁とハチミツ）、そしてオエノメル（ハチミツ、水、ブドウ果汁）だ。[1] もちろんできたても飲んだだろうが、おそらく放置して醱酵もさせただろう。

今日、ハチミツはごくあたりまえに甘味料として茶に入れられる。記録によれば、中国では早くも漢の時代（紀元前202～紀元後220年）には茶に入れられていた。レモンやライム、タマリンドのような酸味のある果物で作られた飲み物も昔からハチミツで甘みがつけられてきたが、これが今日では甘蔗糖や甜菜糖を使うより健康によいと考えられている（ハチミツを構成する糖の種類のため）。

ハチミツには強壮薬や治療薬として飲み物に加えられてきた長い歴史がある。ごく最近、医療機関が危険だと結論づけるまで、ハチミツは幼児の健康によいと考えられ、栄養たっぷりでご機嫌がよくなるからと、よく温かいミルクに入れられた。のどの痛みや咳《せき》を鎮めるために家庭でよく作られるのが、レモンとハチミツ入りの温かい茶だ。同様に、湯、レモン、ハチミツに、ときにはアルコールも加えるクヴァストと呼ばれる飲み物は、風邪や胸の病気を予防するのに使われる。南アパラチアの伝統的な飲み物「スウィッチェル」は水と酢にハチミツを混ぜたもので、薬としても清涼飲料としてもよく飲まれる。

●ハチミツ入りアルコール飲料

ハチミツ入りのさまざまなアルコール飲料は、専門用語のせいで混乱しやすくなっている。ミードは技術的にはハチミツと水を醱酵させたものを指すが、醱酵の過程で穀物を入れることもある。また、醱酵後にハチミツが加えられる場合もあり、ワイン、ビール、蒸溜酒とミードは、その過程で区別される。

ワインは醱酵したブドウその他の果物から作られる。いくつかの古代の文献をあたっても、ハチミツをワイン造りの過程で加えたのかあとから加えたのかは定かでないが、ワインにハチミツを加えることはどこのワインでも習慣となっていたようだ（ギリシア人とローマ人は明らかにそうしていた）。ホメロスの『オデュッセイア』では、「ハチミツで元気づけられたワイン」を宴会の締めくくりに飲んだり、神の加護を願う供物にしたりしている。

すでに紀元前1世紀にはさまざまなワインが知られていた。ローマ人はムルスムと呼ばれる安価なアルコール飲料を造っていた。水で薄めたワインにハチミツを混ぜたものである。これは「安く造ることができるので、公的行事の際、愛国心を呼び起こすために民衆に振る舞われた」[2]。1世紀にはこういった振る舞い酒がよく行なわれたので、ローマ帝国全体でハチミツの需要が高まった。

一方、ビールはワインとは異なり、酵母を加えて醗酵させた穀物から造られる。ビールは酵母入りのパンを水のなかに放置することで実に簡単に作れるが、そのような荒っぽい製法のビールを飲むのは、長いあいだ農民階級に限られていた。ベースとなる原料が穀物だったため、古来ビールは世界の多くの場所で、食べ物とみなされた。多くの場合、ハチミツは醗酵が終わってから、甘さを加え香りをつけるために入れられた。いまブームとなっている自家醸造や高級ビールの分野では、ハチミツを使って花の香りのするビールを造ることがひとつの流行になっている。

スコットランドでは、ハチミツを加えたモルトウイスキーが多く飲まれてきた。モルトウイスキーにヘザーハニー、ハーブ、スパイスを配合したリキュール、ドランブイは、少なくとも1745年から作り続けられている。ほかにも多くの同様の飲料が昔から、そして今も作られている。ジャック・ダニエルズの「テネシーハニー」ウイスキー、ポーランドのハニーウォッカ、イタリアのハチミツ入りグラッパ、ハチミツとチャイの香りのするオハイオのビールなどだ。

さまざまにハチミツを使ったアルコール飲料は数多くある。フルーティーなパンチや、マティーニ、牛乳ベースのカクテルなどだ。ジェロ・ショットはパーティードリンクとしてアメリカで人気がある[3]。ミードはアップルジャックと同様に、凍結濃縮法によってハニージャックにすることもできる。これはミードを凍らせたのち、氷を取り除いて造る酒だ。

◉ハチミツワイン

ハチミツワインと呼ばれる飲み物は、正確にはハチミツと水とブドウを混ぜて醱酵させたものだが、ハチミツと水だけで醱酵させたもの、つまりミードを指す場合もある。「ワイン」という言葉は、おそらく「ミード」の代わりに使われたのだろう。ワインと呼んだほうが優雅に聞こえるからだ。だがそのために混同されることもある。一方、メロメルはブドウ以外の果物と醱酵させたミードであり、ゆえにワインとは言えない。ブドウ果汁で作られたピメントもワインとはみなされない。

おそらく、もっとも有名なハチミツワインはテジだろう。これはエチオピアとエリトリアの国民的飲料だ。ゲショと呼ばれるホップの一種で香りがつけられ、ワインと呼ばれる。ソロモン王とシバの女王もテジで乾杯したと言われている。

◉ミード

古英語の meodu からきているミード（mead）は、ハチミツと水、あるいはハチミツと水と穀類を醱酵させて造る。長時間ハチミツと水を放置しておけば、自然にできあがる。空中を漂う天然の酵母がハチミツ水のなかに落ちれば醱酵が起こるからだ。ミードはおそらく人類最古のアルコール飲料だ。たまたま人間が酒に変わっているハチミツ水を見つけ、あまりにおいしかったので、今度はそれを人の手で造り始めたと思われる。人類学の権威レヴィ＝ストロースは、ミードの発明が自然から文化への移行を示していると考えていた。1960年に発表した、文化の発展についての重要な研究『神話論理Ⅱ　蜜から灰へ』〔早水洋太郎訳。みすず書房。2007年〕では、アマゾンのチャコ族の伝説が紹介されている。それによると、ある老人がハチミツ入りの水を偶然放置したのち、醱酵しているのを「発見した」のがミードの始まりだという。

ミードが自然に生まれたものであるのは、昔からさまざまな地域で飲まれてきたことからもわかる。しかし醱酵のプロセスには、普通はかなり時間がかかる。ハチミツには酵母が生き延びるために必要な酸やタンニンが不足しているからだ。それを補うために、醱酵の促進と防腐に役立つ穀類やホップがよく加えられる。果汁も必要な酸を一部補ってくれる。香りをつけたり薬効を高めたりするためにハーブやスパイスもよく加えられるが、ミードから派生した飲料に共通するのは、醱酵に使われる糖の大部分がハチミツに由来する点だ。

こういった飲料は、さまざまな言語や時代で異なる名前をつけられている。果汁を使ったミードでイギリスやケルトに昔から伝わるメロメルのうち、よく知られているのはサイザー（リンゴ果汁またはシードル）、モラート（クワの実）、ペリー・ミード（ナシ）、ブラック・ミード（クロスグリ）、レッド・ミード（アカスグリ）などだ。チリペッパーのメロメルは、古代マヤで伝統的に造られていた可能性がある。ストレートのミードやメロメルにハーブやスパイスを加えると、メセグリンという酒になる。メセグリンという語はウェールズ語に由来し、ウェールズで人気の酒だったことを示唆しているが、このようなミードは古代ヨーロッパ全域で知られていたようだ。シモツケソウ、ホップ、ラベンダー、カモミールなど、地元のハーブが使われた。シルクロード経由で東西間の貿易が始まると、シナモン、クローブ、ナツメグといったスパイスも加えられるようになり、シナモン・サイザーのようにバリエーションも増えた。

ミードは古代文化において重要な役割を果たしていた。こういった文化では、ミードは神々からの贈り物と考えられることが多かった。食物史家のビー・ウィルソンが言うように、おそらく「ミードを飲むとけもののように獰猛になるが、同時に神のような気分も味わうことができた」からだろう。(4) それはさておき、ミードは儀式の供物や神酒《しんしゅ》、さらには清涼飲料や酔っ払うための飲料として頻繁に利用された。中国北部で発見された、ミードとおぼしき残滓《ざんし》の入った壺は、紀元前6500~7000年のものだ。(5) 3500年前のヒンドゥー教のテクストには、光の神々がハチミツ酒で造った鞭を使って命を授けると書かれている。

古代エジプト人とフェニキア人、さらには中米の古代文化もミードに触れている。ユカタン半島のマヤ人は、この土地原産のハリナシバチの蜜からバルチェというミードを造っていた。ミツバチは神の使いであり、ハチミツはミツバチの神であるア・ムセン・カブの贈り物だと信じていたマヤ人は、宗教儀式にミードを用いた。古代ギリシア人とローマ人はミードのおいしさを絶賛し、ミードは神々の飲み物であり、神々も人間同様ミードを飲んで酔っ払い、素面《しらふ》ではやらないようなことをすると信じていた。

プラトンの『饗宴』（紀元前380年頃）によれば、アフロディテの誕生を祝う宴会で、「貧困」の神ペニアと飲みすぎて酔っ払った「富」の神ポロスが交わった結果、「愛《エロス》」が生まれたという。[6]古代ギリシア人や古代ローマ人（と神々）は、おそらくさまざまなミードを愛飲していた。素朴なハチミツ水（醗酵したハチミツと水）や、ワインとミードをさまざまに組み合わせたものも飲まれただろうし、さらにはワインへの甘味や香りづけにハチミツが使われたりもした。

ミードは古代東欧やロシア、さらにはケルト、スカンジナビア、ゲルマン人にもあたりまえに飲まれていた。そういった古代の文化でミードにつけられていた名前は、ギリシア語ではなくインド・ヨーロッパ語からきている。ゲルマン人はミードをメス（meth）、スカンジナビア人はミオド（mjod）、リトアニア人はメドゥス（medus）と呼んでいた。[7]北欧神話ではオーディンのヤギがミードを造り、トールはこの飲み物を3トン飲むことができたという。ミードは昔からさまざまな物語や儀式に登場してきたが、今なお続けられている習慣もある。たとえばフィンランドではミードは冬季に飲まれる祝い用の飲み物だが、特別なミードであるシマは、メーデーを祝って飲まれる。ミードはヨーロッパの歴史の非常に早い段階で発見されたようだが、醗酵させたり他の飲み物と混ぜたりする技術が導入されたのはローマ時代になってからかもしれない。天然のハチミツが容易に手に入る場所では、民衆は頻繁に素朴なタイプのミードを飲み、主婦にはミード造りやビール造りの手腕が求められた。

ミードはロシアや中欧の歴史において重要な役割を果たした。15世紀まで、アルコール飲料といえばミードだったからだ。11世紀と12世紀の文献にミードは登場するが、口承ではもっと早い時代から触れられていた。10世紀のロシアでは、キエフ大公妃オリガが夫の葬儀の際、5000人の客をミードで酔わせ、全員を殺害して夫の仇を討った。また、キエフ大公のウラジーミル1世は996年、勝利の祝宴にミード300樽を振る舞ったといわれる（樽はおそらく非常に大きなものだっただろう）。このような祝宴で振る舞われるミードには2種類あった。加熱して速成させた、品質の劣るミードと、ベリー果汁を含み、10年以上熟成させたミード（メト・スタブレンヌィ）である。この地域にはすでにブドウとワインももたらされており、ワイン人気は高まりつつあったものの、13世紀から15世紀にかけてモンゴル人やタタール人が侵入してビザンツ帝国が崩壊すると、ミード作りが復活した。熟成したミードは富裕階級の飲み物となり、民衆は低級なミードを飲んだ。

15世紀にはハチミツはほとんど手に入らなかったので、アルコール飲料を作るために他の原料が求められた。穀物がハチミツに取って代わり、穀物を使った他の飲み物がしだいにミードの役割を引き継ぐようになった。のちのいわゆる「コロンブス交換」［1492年以降、東半球と西半球の間で植物や動物や人間など、さまざまなものが広範囲にわたり行き交ったこと］で、食べごたえがあって栄養価の高い農民向けの食べ物としてジャガイモが新世界からヨーロッパに到来すると、これもアルコール飲料の原料となった。(8)

ローマ人がヨーロッパにミードを持ち込む以前から、古代イギリスとケルトの文化でミードはかなり飲まれていた。鉄器時代にスコットランド北部地域に居住していたピクト人は、紀元前

300〜紀元後600年にかけて、ハチミツエール［エールはビールの一種］を作っていた。(9) アイルランド神話では、恋人同士のオシーンとニアヴが、ミードが川となって流れる国にいざなわれる。伝説の英雄フィン・マックールは、戦いのあとはミードで元気を回復するのがつねだった。アイルランドの上王《じょうおう》［王（族長）たちの上位の統治者］たちの本拠地だったタラは「ミードの領域の家」と呼ばれ、聖ブリギッドはある男が王を歓迎できるよう、器をミードで満たす奇跡を起こしたという。ウェールズでは6世紀の詩人タリエシンがミードを称賛しているし、12世紀から13世紀にまとめられたウェールズの有名な伝説「マビノギオン」のなかでは、アーサー王が客や円卓の騎士たちに日常的にミードを振る舞っている。

アングロサクソン人の伝承叙事詩「ベオウルフ」は古英語最長の叙事詩であり、ミード・ホール［領主の館であるとともに、立ち寄る者を歓待する酒宴の間だった］があるデンマークを舞台としている。ミードは宴会を盛り上げる一方で、明らかに暴力沙汰も激化させた。デンマークではこの時代のミード・ホールの遺跡が発見され、現在再建されている。ライラとグドメという町で、660〜890年に使われていた長い木造の楕円形のホール2棟を考古学者が発見したのだ。これらのホールは集会が開かれる重要な場所であるとともに、政治権力や軍事力を行使する中心地でもあった。そのような集会でミードは重要な役割を果たした。対人関係の構築や祝宴に不可欠であるのはもちろん、ホストの側にしてみれば、もてなしを形にして表すにはミードを振る舞うのが一番だったわけだ。同様のホールはイングランド北部のノーサンバーランドでも見つかっており、侵入するアングル人と9世紀のバイキングのつながりを示唆している。

ジェフリー・チョーサーも14世紀末の著書『カンタベリー物語』のなかで、ミードを飲む楽しみについて触れている。1669年の写本『著名なる学識者ケネルム・ディグビー卿の小部屋 *The Closet of the Eminently Learned Sir Kenelm Digbie Opened*』には、ミードやそこから派生した飲料100種以上のレシピがリストアップされている。メセグリン、ハチミツ水、ハチミツエールなどだ。ディグビーによれば、メセグリンは若干香りのあるミード（あらゆる種類のスパイス、ハーブ、花、果物が含まれている）で、ハチミツ水は文字通りハチミツと水、あるいは非常に弱いミードで、ほとんど醱酵していない。ディグビーがとくに女王のために考案したレシピは、20リットルの泉の水に0・9リットルのハチミツ、生のショウガ、ローズマリー、クローブを加えるというものだ。

ミードはイギリス諸島とアイルランドの結婚式で重要な役割を果たし、おそらく「ハネムーン」という言葉のもとになった。一般的に知られているのは、新婚夫婦が「結婚生活をできるだけ楽しく始められるように、ハチミツワインかミードを1か月支給した」という説だろう。[10] ほかに、友人たちが花婿をミードで酔っ払わせて初夜のベッドに送り届けたという説もある。おそらくは、花婿がミードで酔った勢いを借りてやるべきことをやり、9か月後に息子が生まれるのを願ってのことだろう。

ヨーロッパのかなりの地域で言えることだが、ミードは中世にキリスト教とともに、修道院の設立を通して広がった。修道院がミツバチを飼育したのは、ひとつには蜜蠟を得るためである。礼拝や教会の儀式にろうそくが必要だったからだ。ハチミツは蜜蠟の便利で役に立つ副産物で、これを使ってミードが作られた。修道院はその一部を売ってさまざまな維持費の足しにした。一般的に水は飲用に適さないと考えられていたので、ミードの一部は修道士用の清涼飲料にもあてられたことだろう。修道院はミサのためにワインも造って飲んだ。人々はやがてワインにハチミツを混ぜるようになったが、適切で手ごろな飲み物としてワインがミードに取って代わる地域もあった。

人気は衰えつつあるが、おいしいミード造りの秘伝を今日まで守り続けている修道院もある。もっとも有名なあるミードには、産地の島の名前がつけられている。ノーサンバーランド州のリンディスファーン島だ。この島はエディンバラの南112キロメートルほどのところにあり、本島とは土手道でつながっている。リンディスファーン島はイングランドの初期キリスト教にとってもっとも重要な場所のひとつだ。

634年、ノーサンブリア王オズワルドの要請で、アイルランド生まれの修道士、聖エイダンがアイオナ（スコットランド）から赴任した。彼が建てた修道院ではイギリス諸島の多くの修道院と同様にミツバチが飼われ、ミードが作られた。リンディスファーン島は今日まで伝統を守っていることで名高く、聖エイダンのワイナリーが作るミードは今でもオリジナルのレシピ通りだと言われている。このミードはブドウ果汁、ハチミツ、地元の泉の水、ハーブを混ぜ合わせて造るため、厳密にはメロメル、あるいはメセグリンだ。

リンディスファーン島のミード

◉ミードと今日のハチミツ飲料

ヨーロッパのミードは、今でも伝統的な飲み物として人気がある。多くの祭りでミードが飲まれ、ルネサンスや中世を再現する催しや見本市でもよく見かけられる。(11) たとえばアイルランド共和国クレア州のボンラッティ城内の店ではミードとハチミツリキュールを販売しているし、城で催された宴会を再現するメニューもある。ロマンティックな昔の雰囲気にひたるために、ミードが陶器のゴブレットで供されるところも申し分ない。また、温めたミードとスパイスを入れたハチミツワインが、今では冬の祝祭に欠かせないものとなっている。

地方の食べ物、自然食品、自家醸造の酒、養蜂が現在注目を集めているおかげで、ミード人気も再び高まっているように思われる。2014年の時点でアメリカには150以上のミード生産者がおり、全米ミード生産者協会も2012年に正式に設立された。ただし、ミードの用途は広いものの、万人向けの味とまでは言えず、薄すぎるとか甘すぎるなどと言う人も少なくない。(12) また、コストもかかる。ハチミツそのものの値が非常に張るからだ。ハチミツ1に水4の割合で作るため、ミードを作るには大量のハチミツが必要となる。それはさておき、1994年の『ミード・ラヴァーズ・ダイジェスト』[ミードについての情報交換を行なっていたインターネットフォーラム]には、果物、スパイス、ブドウ、リンゴ、レモンとさまざまな香味料で作られる20種以上のレシピが掲載されている。(13)

現在、ハチミツの入った飲み物全般がそうであるように、おそらくミードの人気も高まっている。それは世界最古の、そしてもっとも自然な甘味料としての地位を、ハチミツ自身が取り戻しているからにほかならない。

第5章◉薬であり　毒であり

わが子よ、蜜を食べてみよ、それは美味だ。

——ソロモン王

ミツバチの蜜はすべての人々に熱望される。王にも物乞いにも同様に甘い。よろこびを与えるだけでなく、有益で健康にもよい。口には甘く、傷を治し、体内の病根を癒やす。

——聖アンブロジウス

ハチミツは薬の苦さをごまかしたりのどの痛みを鎮めたりするだけでなく、それ自体が薬として使われることも多い。健康上のさまざまな理由により、昔から世界中で使われてきた。病気や災難を遠ざけるお守り、薬剤、抗うつ剤、一般的な強壮剤、力の源、さらには肌や髪の美容液として利用されてきたのである。その多くは、代替療法、迷信じみた話、あるいは民間療法として現在に引き継がれた。このように慣習的に利用されているのは、ハチミツとその宗教的な伝説とを関係づけて、ということもあるだろうが、多くは実際の経験や観察がもとになっている。

今日、ハチミツは自然食品や有機食品、代替療法信仰と結びついている。蜂花粉、プロポリス、ローヤルゼリーといったミツバチの他の生産物も、ハチミツとともによく宣伝されている。西洋では、アピセラピー療法（蜂針《ほうしん》療法）という新たな代替療法が知られるようになってきた。これはハチミツに長く慣れ親しんできた多くの非西洋医学の知識を採り入れたものだ。

ハチミツに若干の治癒力と薬効があるとする科学的な研究も見られるが、研究の正当性をめぐっては医学界のなかで今も議論が進行中である。研究の多くが権威ある学会の外で行なわれているため、完全な承認を得られていないのだ。医療関係の有力なウェブサイトは次のように述べている。「ハチミツの健康への効果は立証されていない。せいぜい研究中の段階として立証されているのが、傷口の保護に役立つこと、多少は咳を鎮めてくれることくらいだ(1)」。ハチミツの治癒力や潜在的な健康促進効果にさほど注意が払われていないのは、おそらく西洋思想や西洋医学に根強く残る偏見のせいだろう。こうした偏見は、概して自然がからむものに不信感を抱き、非科学的な方法を使った体のケアに不信感を抱いていることによる。

しかしフードライターのビー・ウィルソンは、ハチミツの医学的効能がなかなか受け入れられないのは、ひとつには一部の人々の狂信ぶりのせいかもしれないと指摘している。「残念だが、過去にミツバチの生産物をめぐってなされた主張の多くは、ばかげたインチキ療法にすぎなかった(2)」。

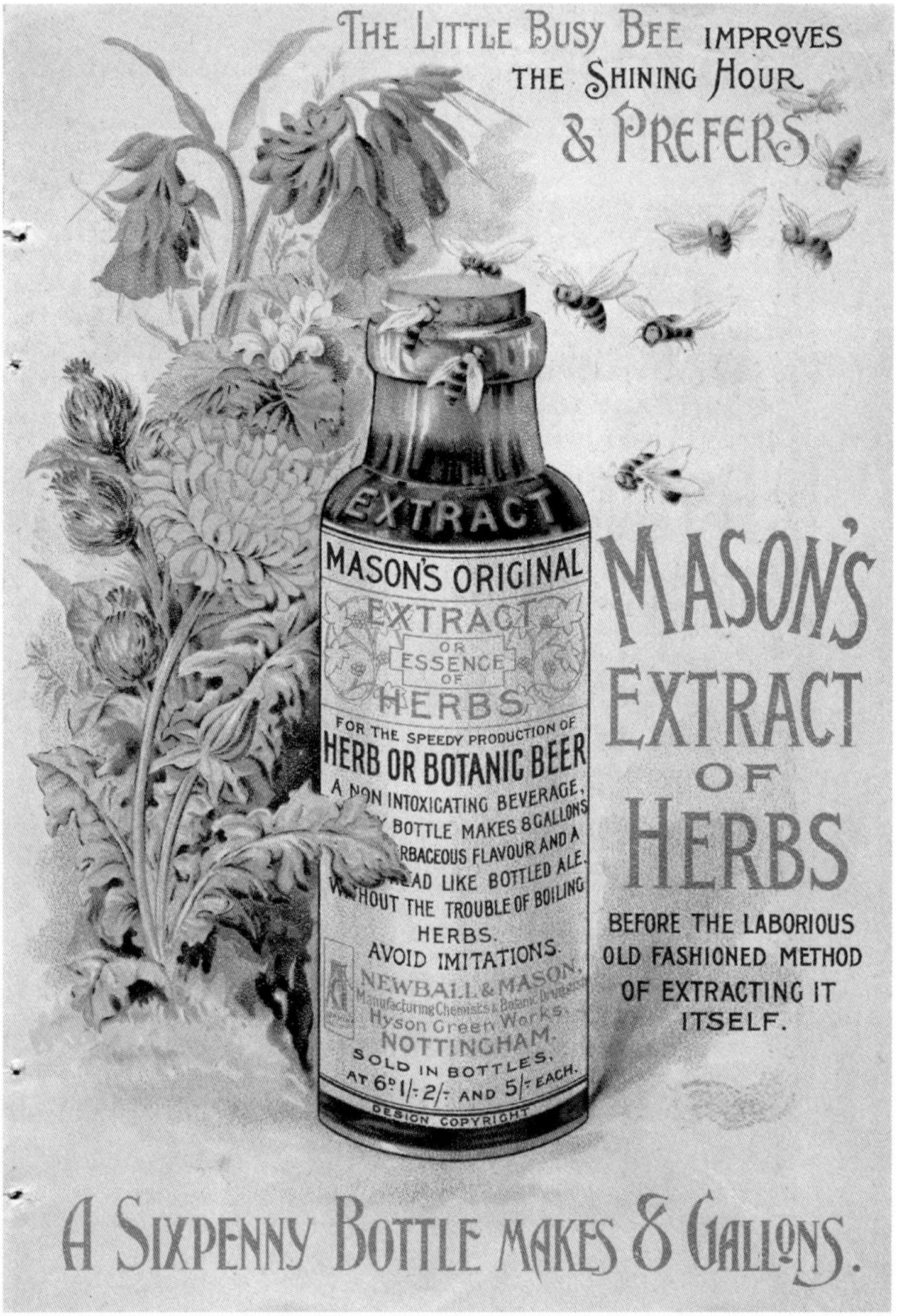

瓶の周囲にミツバチの群れをあしらったハーブエキスの広告。甘さや健康効果をアピールしている。19世紀。

しかしそれにもかかわらず、健康維持や治療のためにハチミツを使う昔からの習慣は世界中で受け継がれており、しかも最近は注目を集めている。

ここに注意書きを記しておこう。ハチミツにはいくつかの危険な要素がある。幼児にボツリヌス中毒症を引き起こす恐れがある。ミツバチにはなんら危害を与えない有害植物の花蜜から、人間に有毒なハチミツが作られる可能性がある。また、現在市販されているハチミツに混ぜものがされ、健康への効果が薄められている場合がある。さらに、濾過され加工されたハチミツは、市販の多くのハチミツと同様に薬効が失われているという説もある。そこで生ハチミツが健康のために推奨されるわけだが、入手しにくく値が張る傾向がある。

●薬や健康へのハチミツの利用

人間が初めてハチミツを口にして以来、健康増進のためにもハチミツは利用されてきた。最古の証拠は約5000年前にさかのぼる。古代エジプト人が傷を治すのにハチミツを使っていたのだ（彼らは死者の防腐処理にもハチミツを使ったが、それは当然健康とは関係ない）。古代エジプト人は、ハチミツは健康的な食品であり、とくに赤ん坊によいと考えた。そして、一般的に病気や邪悪なもの（しばしば病気となって現れる）から身を守ってくれると考えたようだ。そのような信仰は、ハチミツに慣れ親しんだ文化圏ではどこでもあたりまえのことだった。

4000年前の古代インドで始まった伝統的医学アーユルヴェーダは、ハチミツをとりわけ腸

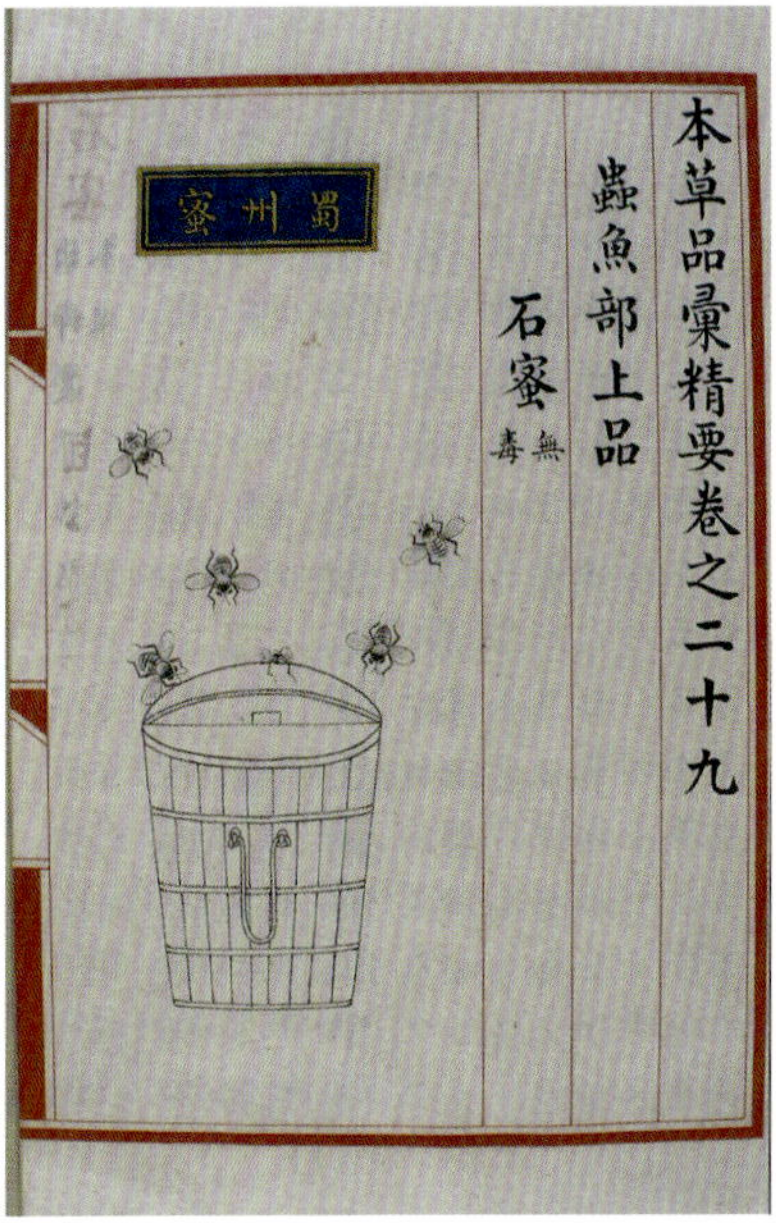

中国のハチミツ薬の広告。1503 ～ 1505年。

や尿管の不調、吐き気、喘息、虚弱体質の治療に処方している。視力を改善し体重のコントロールにも役立つと考えていた。生ハチミツを軽い便秘薬としても使っている。また、聖歌のヴェーダはハチミツを長命と健康の源としている。スティーブン・ブックマンによれば、インドでは男児が生まれると儀式でハチミツを体に塗り、次のように唱えたという。「神々が汝を守ってくださるように、汝がこの世界で百回秋を迎えられるように、このハチミツを汝に与える」[3]。こういった儀式はさまざまな時代、さまざまな場所で報告されている。西インド諸島、サモア、ビルマ、パキスタン、スコットランド、フィンランド、ギリシア、コーカサス、インド、アフリカ諸国、ドイツなどだ[4]。ギリシア人とローマ人も傷や病気を治すハチミツの力に言及し、ハチミツを食べれば長生きできると信じていた。紀元前4世紀には哲学者アリストテレスとアリストクセノスが、ともにハチミツを推奨している。ハチミツは活力の源と考えられ、古代オリンピック競技の選手たちは自身の身体能力を向上させるためにハチミツを食べた。1世紀頃の人物である大プリニウスは、浮腫《ふしゅ》、便秘、尿路や膀胱《ぼうこう》の感染症、腎臓結石《けっせき》の治療に「ミツバチの粉末」とハチミツを混ぜたものを勧めている。彼はまた、生ハチミツは下剤として効果的だが、煮立たせたハチミツは下痢に効き、有毒植物からとったハチミツはてんかんに効くと助言している。

旧約聖書に登場するソロモン王は、健康のためにハチミツを食べるよう人々に勧めていたらしい。彼はこう主張している。「わが子よ、蜜を食べてみよ、それは美味だ」（「箴言」24章13節）。もっとも、ソロモンはハチミツの味わいと甘さのほうに着目しているようだが。「約束の地」を乳と蜜の流れる地と表現することが多いが、それはハチミツが潤沢《じゅんたく》、豊饒《ほうじょう》、幸福の象徴だからだろう。

同様にコーランも、「蜜蜂は腹から色とりどりの飲み物を出す。その飲み物には人間を癒やす力がある」（16章69節）と述べている。預言者ムハンマドは「蜂蜜は肉体のあらゆる病気の治療薬で、コーランは心のあらゆる病気の治療薬だ。だから私は両方の治療薬、コーランと蜂蜜を勧める」と主張している。(5)

初期のヨーロッパ文化も、ハチミツを強壮剤、薬、病気よけとして扱った。ハチミツを軟膏として使い、傷口がくっつくよう、そして早く治るようにと皮膚に塗った。やけどもよくハチミツで治

『ハチミツを使った薬の調合』（1224年）。ディオスコリデス（40年頃～ 90年）の『薬物誌』のアラビア語訳。バグダード派、イラク。

療され、健康になるための強壮剤としても飲まれた。さまざまな調合薬が記録に残っており、ハチミツと鳩の糞を混ぜたものは腎臓結石の治療に使われた。紀元前5世紀にヒポクラテスが書き残した、ハチミツで甘みをつけた「マムシの粉末」の処方は、何世紀も経た14世紀半ば、人々が伝染病から身を守るのに再び使われた。1440年代半ばに使われたイギリスの軟膏は、アヒルの脂、テレピン油、すす、糖蜜、卵黄、サソリの油とハチミツを原料としている。(6)

ヨーロッパでは「糞尿」を家から運び出す際、においを緩和するのにハチミツが使われた。作業する人々が口や鼻をハチミツに浸した布で覆ったのだという。肥桶《こえおけ》が「ハチミツのバケツ(ハニー・バケット)」と呼ばれるようになったのはそのためだ。

◉現代の治療薬

ハチミツは主流の西洋医学では薬品として正式に使われていないものの、家庭ではよく治療薬として利用されている。とくにのどが痛いときには、ハチミツ入りの温かい飲み物がよく飲まれる。そして——合成香料の場合もあるが——のど飴にも使われている。ハチミツのなめらかな質感はのどの通りをよくし、飲み込むのを助ける。肌や髪のケア製品、リップクリーム、保湿剤の調合に使われ、とくに「元気を出す」ためにハチミツを食べる人もいる。病気や体調改善に効果があると主張する声は多方から挙がっている(虚弱体質、潰瘍《かいよう》、潰瘍性胃腸炎、心臓病、気管支喘息、尿路疾患、下痢、眼疾患、一部のがん、糖尿病、咳、高コレステロール症、アレルギー、更年期障害、風

ハチミツを原料とする化粧品、石鹸、クリームは、体によく自然にやさしいとして、アメリカでは広く市販されている。

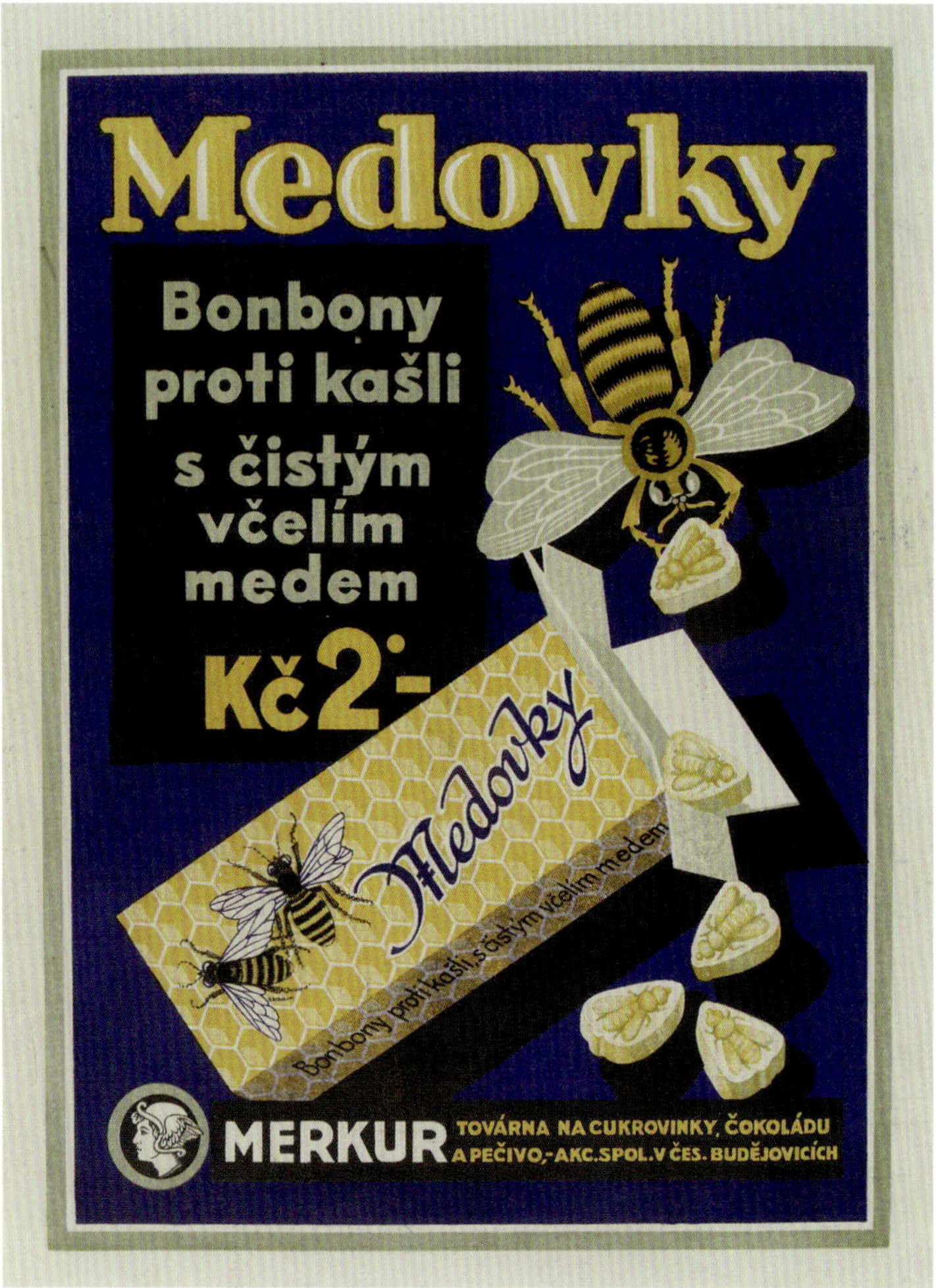

ハチミツを原料とする咳止め薬の広告。チェコ。

邪、耳感染症、肺炎、結核、髄膜炎、呼吸器感染症、ジフテリアなどに効果的だという)。一般的にハチミツは、感染症と闘う、免疫システムを強化する、エネルギーを供給する、新たな組織の成長を促進する、体重を増加させる、あるいは逆に減量によい、などと言われている。毎日大さじ一杯の生ハチミツを飲めば健康と長寿が約束されると断言する人もいる。

熱狂的なハチミツ信奉者は、副作用なしにあらゆる効果が得られ、しかも費用は薬剤の数分の一で済むと主張する。プロポリス、ローヤルゼリー、蜂花粉、蜜蠟といったミツバチの他の生産物も同様に宣伝され、ときにはハチミツと混ぜられる。とくにローヤルゼリーは、ある種のがんを防ぐ、血圧やコレステロールを下げる、消化器疾患を治す、さらには、受胎能力を向上させる、更年期の症状を軽減する、早期老化を防ぐなど、さまざまな健康的利点があると宣伝されている。だがこういった主張を裏づける科学的研究はほとんどない。

◉健康と癒やしに効くハチミツの性質

では、ハチミツの効能に関するこういった主張は信頼できるのだろうか。ハチミツの医学的健康的利点を確認したり分析したりするために、多くの研究がなされている。だがハチミツの特性は、蜜源となる花のタイプや品質によって大きく左右される。有機肥料を用いた健康な花の蜜は多くの栄養素を含んでいるという点や、ハチミツの色が濃いほど抗酸化物質が多く水分が少ないので健康によいという点に、ほとんどの研究は同意している。ただし残念なことに、色が濃いハチミツは非

オハイオ州クリーヴランドのウクライナ人の食料品店で購入したソバのハチミツ。

常に高価で簡単には手に入らない。なかにはあまりにこくがありすぎておいしくないものもある。

薬用になったり健康食品として利用されたりすることで有名なハチミツもある。たとえばソバのハチミツは、よくあるセージとクローバーのハチミツに比べて抗酸化物質を多く含んでいる。[7] 東欧産のソバのハチミツは、健康を増進させると宣伝され、健康食品店によく置かれている。ニュージーランドのマヌカハニーはギョリュウバイ（学名 *Leptospermum scoparium*）の蜜から作られ、健康効果が高いと宣伝されている。バクテリアを殺し、感染症を防ぐだけでなく治すのに役立つと主張する研究があるのだ。

2007年、アメリカの食品医薬品局は、マヌカハニーを原料とする軟膏、メディハニーを傷口に使うことを認可した。しかしあるウェブサイトは、メディハニーを塗ると痛む場合がある

ので、やけどには使うべきでないと指摘している。(8)

とくに高い薬効があると考えられているもうひとつのハチミツは、世界でもっとも高価なハチミツのひとつでもある。イエメンのハドラマウトやサウジアラビアに見られるシドルの木から作られるシドルハニーだ。シドルそのものはイスラムでは神聖な木であり、数千年前からあると信じられている。伝説によれば、その実(ナツメ)はアダムが食べた最初の食べ物だという。シドルの木を蜜源とするハチミツは驚くほど健康によく、多くの病気に効くと信じられている。ニンジンの種子やチョウセンニンジンと混ぜると媚薬《びやく》になるという説もある。また、ニュージーランド産のビーチウッドハニーデューハニーは、他のハチミツに比べミネラルが豊富だと言われている。ビーチウッドとはブナの木のことだが、このハチミツはブナの花の蜜ではなく、ブナの木に棲むアブラムシの分泌物をもとに作られる。

ハチミツを加工する方法も、その品質に影響を与える。生ハチミツにはバクテリアやウイルスや菌類と戦う植物性化学物質がより多く含まれているからだ。生ハチミツには通常少量のプロポリスと蜂花粉が混入していて、どちらも健康によいと考える人もいる。ハチミツは内服した場合や局所に塗布した場合など、さまざまな効果があり、必要に応じてさまざまな処置が施される。

民間の知識と科学的研究を通じて、ハチミツには抗菌、防腐、抗生の作用があることが示されてきたが、実際にどのようなプロセスを経て効果が生まれるのかはハチミツのタイプによって異なる。いくつかの研究によると、ほとんどのハチミツにビーディフェンシン1と呼ばれる酵素が含まれており、それが過酸化水素を生成してバクテリアを殺すという[9]。もっとも、この酵素を含んでいなくても、バクテリアには十分対抗できる。pHが低く糖濃度が高ければ抗菌作用を期待できるという研究があるからだ[10]。ハチミツを傷口に塗ると、ハチミツに含まれているインヒビンという物質がバクテリアを殺すという説もある。ハチミツは抗酸化物質としても働き、有機物質の劣化を引き起こす酸化剤を除去したり破壊したりする。ある研究によれば、ハチミツの若干酸性のpHレベル（3・2と4・5の間）がバクテリアの成長を妨げ、ハチミツに含まれる抗酸化物質がフリーラジカル［過剰に生成されると細胞を傷つけたり老化を促進したりする物質］を除去してくれるという[11]。

ハチミツの吸湿性も、傷を治すのに役立つ。吸湿性とは、周囲（通常は空気中）から水の分子を引きつけ吸収する力のことだ。ハチミツは傷口から水分を吸い取り、バクテリアが成長できないようにする。さらにバクテリアそのものの水分も奪い、死滅させたり無力にしたりする[12]。

ハチミツの粘性も、治療効果を上げるのに役立っている。どろっとしているため簡単に傷口に塗り広げることができ、皮膚の裂け目にうまく入っていくため、執拗に塗り込む必要がない。また、空中浮遊菌が傷に侵入するのをバリアとなって防いでくれる。さらに、包帯が傷口からずれないように接着する役割を果たし、それでいて皮膚がさらに傷ついたり新しい細胞が成長するのを妨げたりすることなく、包帯をはがしたり交換したりできる。包帯を取ってもはがれるのはハチミツだけで、皮膚ははがれずに済むのだ。ハチミツを食べると痛みが軽くなるとも言うが、そういった特性がハチミツにあると明確に証明されたわけではない。ただし、扁桃《へんとう》摘出術後に子供たちにハチミツ

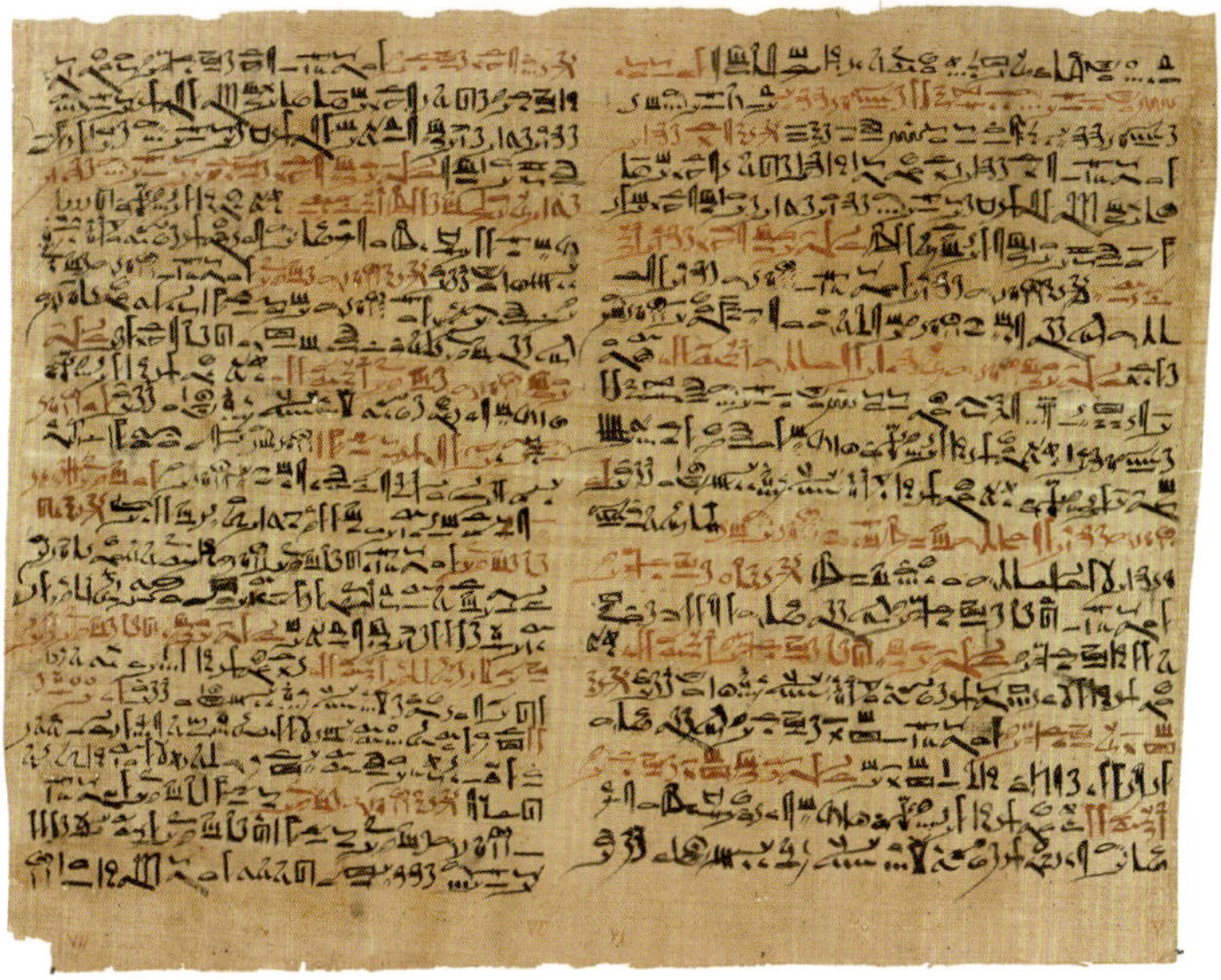

エドウィン・スミス・パピルス。世界最古の現存する外科手術に関する文書。紀元前1600年頃、古代エジプトで神官文字を使って書かれた。縫合して傷口を閉じる、ハチミツと古いパンで感染を防ぎ治療する、生肉で出血を止める、といった治療法が記載されている。

を食べさせたところ、痛みを軽減する助けになったという研究結果が報告されている。この場合、鎮痛剤をまったく使わなかったわけではなく、ハチミツは他の鎮痛剤とともに投与されたが、それでもめざましい効果があったという[13]。

　ハチミツがアレルギーを抑制するという俗説もあり、その真偽は医学界で議論中だ。ハチミツは花蜜から作られるので、その花蜜の特性がわずかながら含まれている。そのハチミツを摂取すると、蜜源植物へのアレルギーに苦しむ人が免疫力を得られる、あるいは少なくとも症状を軽減できるというのだ。そのためにはアレルゲン植物が生育する地域のハ

ミネラル	淡色ハチミツ（ppm）	暗色ハチミツ（ppm）
カリウム	205	1,676
塩素	52	113
イオウ	58	100
カルシウム	49	51
ソジウム	18	76
リン	35	47
マグネシウム	19	35
シリカ	22	36
鉄	2.4	9.4
マンガン	0.30	4.09
銅	0.29	0.56

チミツを摂取することが最良だと考えられ、理想を言うならば、アレルギーを起こす特定の植物のみを蜜源としたハチミツが好ましい。アレルゲンが飛散する時期に先駆けて、予防的にハチミツを食べたほうがよいと勧める人もいる。蜂花粉はミツバチが集める花粉だが、「季節性のアレルギーを緩和」できる「栄養食品」だとも考えられている。[14]

医療への使用とは別に、ハチミツは活力を回復させ、全般的な健康維持に役立つ強壮剤だと長く考えられてきた。たしかにすばらしいエネルギー源だ。主成分は糖類である。ブドウ糖と果糖（こちらのほうがやや多い）がほとんどで、22から25の他の糖（オリゴ糖）を微量含む。ハチミツは砂糖よりも濃密で甘みが強い。大さじ1杯の砂糖が49キロカロリーであるのに対してハチミツは64キロカロリーだが、構成する糖のタイプから、ハチミツのほうが健康的だと考える人もいる。そういった糖が含まれる割合は、ミネラルの含有量と同様に、ハチミツのタイプによってさまざまだ。[15]

◉ハチミツの危険性――ボツリヌス菌とアレルギー

何世紀もの間、ハチミツは赤ん坊や子供の健康によいと考えられてきた。危険性がわかったのはごく最近のことで、1976年の発見によるところが大きい。ハチミツにときおり含まれるボツリヌス菌（学名 *Clostridium botulism*）の芽胞《がほう》が、乳児にボツリヌス中毒症を引き起こすことが判明したのだ。消化管が成熟した成人やある程度成長した子供は芽胞を食べても平気だが、まだ抵抗力のできていない乳児には危険が及ぶ恐れがある。ボツリヌス中毒症の症状は軽いものから深刻なものまでさまざまで、まれにだが死ぬこともある。そのため、アメリカの医療機関は1歳未満の乳児にハチミツを与えないよう助言している。アメリカの保健福祉省はこう明言している。「乳児にハチミツを食べさせてはいけない[16]」。米国ハチミツ協会はこのガイドラインに従い、「乳児は大人のように消化管が十分に発達していないため」、1歳未満の乳幼児に食べさせないようすべてのハチミツ瓶に警告を載せている。

だれもがこの判定に納得しているわけではない。ハチミツは乳児の健康によいとして数千年にわたり利用されてきた歴史があるからだ。ハチミツがボツリヌス中毒症を引き起こすという結論の根拠になったケースにしても、実際は他の汚染物質がボツリヌス中毒症を引き起こしていた可能性がないわけではない。症例は大半がカリフォルニアで、取るに足らない数だと思う人々もいるようだ。以来、砂糖が子供たちのための甘味料としてハチミツに取って代わった（おそらく、ハチミツよりも安い価格で砂糖を提供する製糖会社の力を反映しているのだろう）。ハチミツに対する姿勢が時とともに変化してきたことは、１８８４年の絵はがきを見ればわかる。ミツバチが引く乳母車に赤ん坊が乗っていて、下に「甘さと健康」と書いてあるのだ。[17] １９７０年以前の広告や食品ラベルにも、赤ん坊へのハチミツの有益さが謳われている。

ハチミツを食べることに関して、あまり話題にはのぼらないものの警告すべきことがある。とくにハチ刺されに対するアレルギーがあるとわかっている人は要注意だ。蜂針《ほうしん》にはアナフィラキシーショックを引き起こす毒があり（蜂毒《はちどく》と呼ばれている）、軽いものから深刻な呼吸困難までさまざまな症状を引き起こす。死に至ることすらある。蜂毒にアレルギーがある人は、身を守るためにしばしばエピネフリンという薬剤を携行する。蜂毒は通常はハチミツには見られないが、蜂毒に強いアレルギーを持つ人々は、ハチミツや他のハチの生産物をも警戒したほうがよいかもしれない。また、針葉樹やポプラへのアレルギーがある人は、そういった木々が生えている地域で集められたハチミツに慎重になるべきだ。[18] ハチミツには少量のシュウ酸エステルが含まれており、これは腎臓結石を悪化させることがある。もっとも、こういった石を溶かすには酢やレモンジュースを混ぜた生ハチミツがよいと昔から言われている。

●有毒なハチミツ、幻覚を起こさせるハチミツ

人間に有害な花から作られたハチミツは、毒を含む可能性がある。よく知られているのはセイヨ

ウキョウチクトウ、アザレア、フジウツギ、サザンレザーウッド、ロコ草、チョウセンアサガオ、ヨモギギク、シャクナゲ、アメリカシャクナゲ、ツゲの木などだ。通常、こういった植物はミツバチには無害だが、カリフォルニアのセイヨウトチノキのように有害だと報告されているものもある。(19)毒蜜を食べてしまった人が起こす症状は、嘔吐、下痢、めまい、手足の麻痺（酩酊状態に似ており、動くとよろめく）、幻覚などであり、命にかかわることすらある。

古代の人々は毒蜜に慣れていた。ギリシア人は毒蜜を「発狂させるハチミツ」と呼び、天然のハチミツを食べる際には用心した。(20)アリストテレスは、小アジアのツゲのハチミツは人々を狂わせる（しかしてんかんを治す）と書いている。オウィディウスはドクニンジンのハチミツは危ないと警告している。大プリニウスは猛毒のハチミツについて触れ、そういったハチミツの産地として小アジア、ペルシア、北アフリカを挙げている。

バプテスマのヨハネの振る舞いも、ひょっとしたら毒蜜によるものだったのかもしれない。新約聖書に登場するヨハネは、イナゴと天然ハチミツを食べ、荒野で暮らし、らくだのたてがみと皮で作った奇妙な服を着て、権力者をあからさまに非難し、救世主の到来を説いたいささか風変わりな人物だったように描かれている。(21)第１章で述べたように、毒蜜は紀元前４０１年と紀元前67年に、地中海に侵攻してきた兵士に盛られた。もっと新しい時代では、１７９０年にフィラデルフィアで、アメリカシャクナゲの有毒な花蜜から作られたハチミツによって病人や死者が続出する事件が起こっている。(22)

意図的に幻覚剤として使われてきたハチミツもある。古代マヤ人は、自らの恐ろしい運命を知らずにいる生贄《いけにえ》たちに、あらかじめ幻覚剤を飲ませておくこともあったようだ。今日では、ヒマラヤの山岳地域（おもにネパール）に住むグルン族が集める天然のハチミツが幻覚を起こすことで知られる。このハチミツを作るのは非常に大型で攻撃的な種類のミツバチで、グルン族の「ハニーハンター」たちは巣にたどりつくために岩の崖をのぼり、恐ろしいミツバチの群れに立ち向かい、ハチミツを手に入れると医薬と儀式に使う。グルン族のハチミツについての動画や写真はインターネットにあふれ、グルン族の慣習を扇情的に表現している。このいわゆる「レッドハニー」の効果を試そうと現地を訪れる人間は後を絶たない。

毒ハチミツを避けるには、野生のハチミツを食べないのが一番だ。蜜源がわからないからである。だが今日の養蜂家の間では、毒ハチミツは健康や安全を脅かすほど深刻な問題ではないと考えられるようになっている。多くの養蜂家は自分のミツバチがどの花を蜜源にしているか知っているし、有毒植物が近所にあれば、有毒な花蜜から作られたハチミツを廃棄できる。また有毒な花蜜でハチミツが汚染される可能性を減らすために、採蜜の時期を選ぶこともできるからだ。

◉薬か　毒か

ハチミツの健康効果は、消費者が適切な用心さえしていれば、危険よりはるかに勝ると思われる。年月が経つほどに、ハチミツの治癒力に関する主張には裏づけが与えられているようだ。医療機関はハチミツの可能性を受け入れ、さまざまな主張の有効性を科学的に検証しつつある。結論は読者の判断に任せるが、現代のハチミツの宣伝文句を引用してこの章を終えようと思う。

警告　ハチミツを常用している人は、大きな幸福感を味わい、世界がすべてうまくいっているような気分を味わうことが多い。そのような症状は自然なことなので、くれぐれも精神障害と錯覚することのないように[23]。

第6章◉ハチミツと文化

ハチミツは長きにわたりさまざまな文化で、食習慣のみならず宗教、儀式、社会生活においても重要な役割を果たしてきた。役割のいくつかは現在まで引き継がれ、その結果、ハチミツは民俗や大衆の芸術様式における象徴とモチーフになっているように見える。ハチミツはまた、愛情を示す言葉、形容詞やメタファーとして、私たちのボキャブラリーにさまざまな形で組み込まれてきた[1]。多くの場合、ハチミツは愛情や善良さの象徴として使われてきたが、逆の意味で使われる場合もある。愛情だけでなく情欲、誠実だけでなく欺瞞、甘さだけでなく粘り強さあるいは人生の複雑さという意味で使われるのだ（ミツバチが象徴するものはもっと複雑だが、それは本書のテーマではない）。

◉「ハチミツ」の語源

さまざまな言語においてハチミツを指す言葉は、ハチミツが世界中でどれだけ長く人間の文化にかかわってきたか、どれほど重要なものだったかを反映しており、その多くはルーツを同じくしている。言語学者は、インド・ヨーロッパ祖語《そご》（ほとんどのヨーロッパ語やサンスクリット語のもとになったと考えられている仮説上の言語）でハチミツを指す語はメリト（melit）だと結論づけた。これがのちにギリシア語のメリス（melis）、ラテン語のメル（mel）、サンスクリット語のマドゥ（madhu）になった。中国語でハチミツをあらわすミー（mi）も、起源は同じかもしれない。ギリシア語とラテン語は現代のフランス語のミエル（miel）、イタリア語のミエレ（miele）、ポルトガル語のメル（mel）、スペイン語のミエル（miel）、ウェールズ語のメル（mel）、アイルランド語のミル（mil）になった。ラテン語のメル（mel）は英語のさまざまな言葉の語根になっている。ギリシアの悲劇の女神メルポメネ、メロドラマ、メロディ、メロン、甘美な（mellifluous）、芳醇《ほうじゅん》な（mellow）、そして名前のメリッサ（ギリシア語で「ミツバチ」の意）などだ。

一方、サンスクリット語のマドゥ（madhu）は、南アジアや東南アジアの言語だけでなく、スラブ語や中欧の言語にも影響を与えたように思われる。ヒンドゥー語でハチミツはマドゥ（madhu）、マレー語とインドネシア語ではマドゥ（madu）だ。ポーランド語ではミオド（miod）、ラトビア語ではメドゥス（medus）、リトアニア語ではメドゥス（medus）、ハンガリー語ではメズ（mez）、チェック語ではメド（med）だ。英語のミード（mead）は醱酵させたハチミツ飲料だが、これらが語源になっているように思われる。

「ハチミツ」を指す言葉のまったく異なる一派は、ゲルマン祖語のフマガム（humagam）がもとになっている。これはインド・ヨーロッパ祖語で黄色または金色を指すクネコ（k(e)neko）から来ているようだ。それがドイツ語のホニヒ（honig）、アイスランド語のフーナンク（hunang）、ノルウェー語のホンニン（honning）、オランダ語のホーニン（honing）に変わった。現代英語の「ハニー（honey）」は、古英語のハニグ（hunig）からハニー（honi）になった。

余談だが、スペイン北東部で使われているバスク語は周辺の原語と共通点がなく、エズティア（eztia）という、他とはまったく異なる語を使っている。同様に、朝鮮語でハチミツを指すクル（kool）も固有の語で、朝鮮語が系統の不明な「孤立言語」であることを明確に示している。朝鮮語には中国から多くの言葉が流入しているものの、ハチミツを指す独自の言葉が使われているということは、ハチミツが昔からこの地で食べられていたことを暗示している。同様に、日本語の「ハチミツ」は、中国語とも朝鮮語とも無関係のように思われる。

◉ハチミツの象徴的意味

今日、ハチミツは甘さと愛情の象徴だとされることが多い。だが、とくに歴史的に見れば、ハチミツが意味するものはそれだけではない。古代ギリシア人はハチミツを情欲と結びつけ（ひょっとしたらミードの効果もあるのかもしれない）、ミツバチを処女と結びつけた。中世でも多くの人が同様に考えていた。ハチミツに情欲的な意味を含めることは現在でもある。もっとも、ハニーという女性名に対してはあまりそちらの意味は意識されていないようにも思われるが。

一方、旧約聖書に登場するハチミツという語は、古代ヘブライ人にとっては一般的ないくつかの意味を示している。(2) 知恵を身につけることや、よい評判を得ることの象徴なのだ。「見よ、おとめが身ごもって、男の子を産みその名をインマヌエルと呼ぶ。災いを退け、幸いを選ぶことを知るようになるまで彼は凝乳《ぎょうにゅう》と蜂蜜を食べ物とする」(「イザヤ書」7章14節)。ギリシア人にとってハチミツが誘惑の象徴であるとともに欺《あざむ》くための道具であったことは、「舌の下のハチミツ」と「舌の下の毒」という表現からわかる。誘惑とは逆に、ハチミツが放縦《ほうじゅう》[勝手きままなこと]に対する自制と節度の象徴として使われることもあった。だが、こちらの意味は現在引き継がれていないようだ。旧約聖書も「約束の地」を「乳と蜜の国」と形容している。豊かで平和な場所という意味だ。40年間砂漠を放浪したのち、褒美としてモーゼに与えられたというこの土地の記述は、人間が働かなくとも自然のおかげで食べていくことができたエデンの園を思い起こさせる。

過去にハチミツと結びつけられた象徴的意味の多くは、時代を下ってもさまざまな形で表現されている。16世紀にウィリアム・シェークスピアは戯曲『ヘンリー5世』で、ハチミツの起源に触れている。「こうしてわれわれは蜂蜜を雑草から集め、悪魔自身を教訓にするのだ」(第4幕第1場)。私たちは普通ハチミツを花々と関連づけるが、そのなかにはクローバーのように雑草と考えられる花もある。しかしそういった雑草からとった蜜が、非常に健康的でおいしいハチミツになるのだ。また、ハチミツの甘さはしばしばやさしく話すことや、気立てがよいことにたとえられる。1732年にロンドンでトーマス・フラーが出版した『古今警句集 *Gnomologia*』には、「大だるの酢よりも一滴のハチミツのほうがたくさんのハエをとれる」ということわざが載せられている。

ベンジャミン・フランクリンはこのバリエーションともいうべき格言を、1759年に出版した『プーア・リチャードの暦』〔真島一男訳。ぎょうせい。1996年〕に載せている。「辛辣なことを言っていては友達はできない。スプーン1杯のハチミツが1ガロンの酢よりもたくさんのハエをつかまえる」。アラブにも同様のことわざがあるが、おそらくずっと古い。「真実の矢を放てば、その先端はハチミツに浸る」。こういったことわざは、ハチミツを礼儀正しさややさしい性質や、思いやりに満ちたかかわりのメタファーとして使っている。

しかしこのような甘美なイメージが人の目を欺く可能性もある。フランクリンの『プーア・リチャードの暦』にある「あなたの壺にハチミツがなければ、あなたの口のなかにある」という警告は、人が必要とするものを手に入れるには甘い言葉が必要で、ひいては、人は本音を隠しているかもしれないということを示唆している。「ハチミツの舌（ハニー・タン）」とは、今では不誠実だが愛想よく話す人を意味する。

「ハチミツ壺（ハニーポット）」は、情報システムへの侵入を目論むユーザーやコンピューターを罠にかけるようデザインされたコンピュータープログラムを意味する。もっと以前には、敵側に潜入し、色仕掛けで情報を得ようとする人を指していた（諜報活動のひとつとしてよく知られている）。「ハチミツのバケツ（ハニー・バケット）」は水道設備のない時代に室内でトイレとして使われた容器である。ただのバケツと言っていいほど簡素なものもあれば、凝ったデザインのものもあったが、

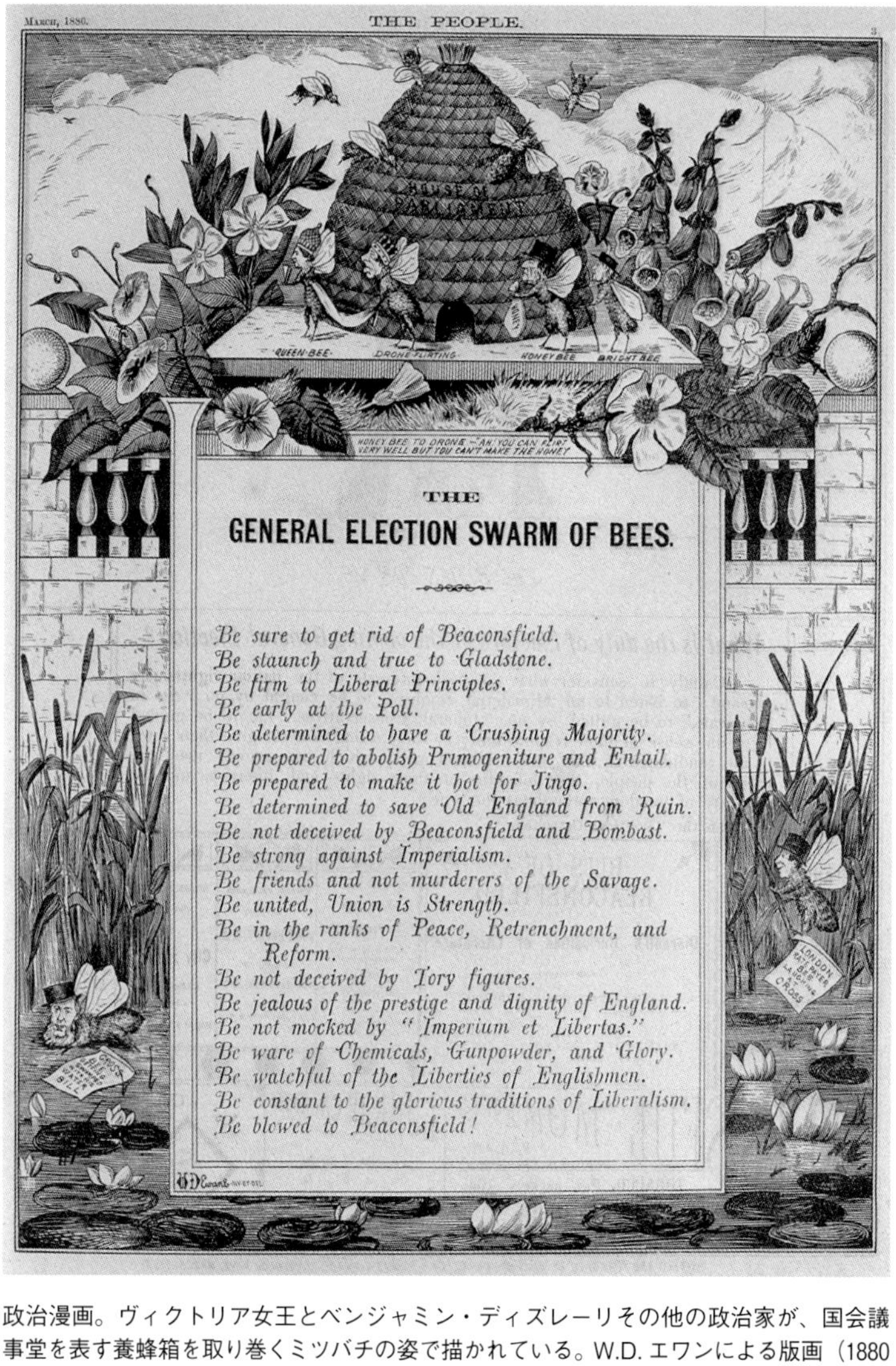

政治漫画。ヴィクトリア女王とベンジャミン・ディズレーリその他の政治家が、国会議事堂を表す養蜂箱を取り巻くミツバチの姿で描かれている。W.D. エワンによる版画（1880年）。

大変なのは、中身を始末するために家の外に捨てに行かなくてはならないという点だ。朝鮮でも同様の容器が使われていたが、触れられたくない過去のようだ。朝鮮戦争中および戦後に、アメリカのマスメディアや芸能界で、朝鮮が遅れた国だというイメージを広めるのに利用されたからである。

ハチミツを彷彿とさせる甘い味わいの植物に「ハニー」という名がつけられていることがある。ハニーサックル、ハニーロクスト、ハニーデューメロンなどだ。ハニーデュー（甘露蜜）とは早朝に植物に見られる甘い残留物である。夜の湿気によって残される露にたしかに似ている。実際にはアブラムシの排泄物だが、ハチミツのように甘く、食べられる。ハニーデューが花蜜のようにミツバチに集められ、ハチミツになることもある。ドイツの黒い森（シュヴァルツヴァルト）では、ハニーデューは「森のハチミツ」、または「モミの木のハチミツ」と呼ばれ、フランスでは「ノミのハチミツ」と呼ばれる。同様にニュージーランドのミツバチは、樹皮に住む虫の分泌物からハニーデューハチミツを作る。「ぴりっとした」味わいだという。[3]

◉情欲、愛、ロマンスとハチミツ

ハチミツの甘さは媚薬にたとえられるが、それが事実か否かは意見が分かれるところだ。9世紀のアイルランドの伝説は、ハチミツの誘惑的な力について触れている。主人公の男性が女性に次のような申し出をしているのだ。「あなたの乾きは最上のミードによって癒やされるでしょう。そしてあなたの皿は透明なハチミツで満たされるでしょう[4]」

古代ギリシアではハチミツを情欲の象徴と見ていたが、今日の西洋文化では、欲望の対象となる女性の名や描写によく見られる。ナイトクラブや映画その他大衆向けのメディアは、女性の芸名（別名）をハチミツと関連づけることで、誘惑や官能のよろこびを連想させようとする。ハチミツという言葉は魅力的なものを創り出そうとする際にも使われる。アイシャドウやアクセサリー類に「ハチミツの誘惑」などという名がつけられたりするのはその一例だ。

ハチミツと生殖や多産——これは愛の結果である——は、古代の文化ではよく結びつけられた。約束の地の川には乳と蜜が流れ、豊穣、母性、愛、戦いを司るシリアの女神アスタルテ（メソポタミアではイシュタルと呼ばれる）は、人間への贈り物としてハチミツを与えた。クピド［キューピッド］は古代ギリシア・ローマの愛の神で、彼が持っているハチミツに浸した矢は、愛の甘さと痛みの両方を象徴している。これをテーマにして、ハチミツを盗むクピドの絵が多数描かれている。たとえば1525年頃のルーカス・クラナッハの作品では、赤ん坊のクピドがハチの巣を持ち、ハチにまとわりつかれている。隣には美しい裸の若い女性——クピドの母、ヴィーナスだ。

古代ギリシアに始まったハチミツケーキは、ハチミツと愛を結びつける信仰を形にしたものだ。ケーキは豊饒を願って神々に捧げられる。中世ヨーロッパでは、ケーキはハート型のスパイスケーキとなり、少女から男性にちょっとした記念品として贈られた。ケーキのなかに小さな鏡と格言が入れられていることもあったようだ。こういったケーキは、食べずに保管するものとされていた。ハチミツケーキは葬儀の際にも振る舞われた。おそらく愛情の純粋な表現だろう。この伝統は現在もオー

ルーカス・クラナッハ『ヴィーナスに困らされるクピド』（1525年頃）。ハチの巣を盗んでハチに刺されたクピドがヴィーナスに泣きついている。

ストリアとドイツで続いており、クリスマスにはジンジャーブレッド（実際はハチミツケーキ）が今も作られ食べられている。

人生でもっともロマンティックな時期のひとつには、ハチミツにちなんだ名がつけられている。ハネムーン（ハニームーン）だ。結婚式のあとの水入らずの期間がなぜこう呼ばれるかについては、いくつかの説がある。ケルトでは昔から5月にミード作りのためのハチミツが収穫され、満月は蜜月、つまりハニームーンと呼ばれた。伝統的に結婚式は5月1日に挙げられたので、結婚式後の日々もハニームーンと呼ばれるようになった。おそらくはミードを飲む習慣とも結びついただろう。ミードは新婚夫婦に贈り物として与えられたようだ。新郎を元気づける、あるいは新郎新婦を打ち解けさせる狙いもあっただろう。ほかには、古代スカンジナビアの神々がハチミツを採取してワインにし、ロマンティックなお楽しみのときのためにとっておいたという説もある[5]。

しかしハチミツには、愛とその裏側にあるもの、という二重の意味も込められているようだ。シェークスピアは、まさに「ロミオとジュリエット」のなかで、愛の甘さの陰には別のものが隠れていると警告している。恋に落ちてしまうと、おそらく相手のつまらない部分が見えなくなってしまうというのだ。「蜂蜜も甘すぎると胸が悪くなり、味わえば食欲が狂わされる。ゆえに愛は適度が望ましい」（第2幕第6場）。若いふたりの結婚に立ち会ったロレンス神父が述べているように、ハチミツの甘さの裏には愛と偽りの両方が隠れているのだ。

セオドア・レーン『結婚生活についての反省　ハネムーンとその後』。19世紀の版画。

◉呼びかけの言葉とハチミツ

「ハチミツ」は、ヨーロッパでは14世紀半ば、いや、ひょっとしたらもっと早くから、愛情を示す言葉として使われてきた。(6) 女性に対して使う場合が多かったものの、今日では性別、年齢、両者の関係にかかわらず、普通に使われるようになった。配偶者や恋人同士はしばしば互いを「ハニー」と呼びあう。両親が子供たちに使う場合もある。大衆文化においては、男性が女性のパートナーや配偶者に使う傾向がある。「ハニー、ただいま」というフレーズはすっかりおなじみになったし、「ミクロキッズ(原題 *Honey, I Shrunk the Kids*)(1989年)」のようにアメリカの家族向け映画のタイトルになったものもある。

ハチミツは伝統音楽やポピュラー音楽にも登場している。たとえば20世紀のブルーグラスギタリストで歌手のドク・ワトソンは、アパラチア地方の古い曲「いとしいあの娘はもういない *Ain't Got No Honeybabe Now*」を取り上げている。ブルースミュージシャンはハチミツとキスをよく関係づける(それ以上の行為もほのめかしている)。その伝統をふまえて、ブルースの大御所マディ・ウォーターズは、ハチミツが歌詞に登場する「アイ・ウォント・トゥ・ビー・ラヴド *I Want to Be Loved*」を歌った(この曲はローリングストーンズがカバーして有名になった)。夫にやってほしい雑用をリストアップした「やることリスト(ハニー・ドゥ・リスト)」というフレーズも、パートナーへの呼びかけから生まれた言いまわしだ。

愛情を示すのに「ハニー」を使うのは男女を問わなくなっており、とくにアメリカ南部では女性が普通に使う。レストランのウェートレスが客に「ハニー」と呼びかけるのは有名だ。メリーランド州ボルチモアには、客への呼びかけである「ハニー」の短縮形（「ハン」）にちなんだ祭りがある。1994年に始まったハン・フェストは、ビーハイヴ（養蜂箱）と呼ばれる高く盛り上げた髪型と独特な服装をした女性たちが参加することで知られている。

ハチミツは女性の好ましい性格を形容するのにも使われる。ヴァン・モリソンの歌「テュペロ・ハニー」はその代表格だ。テュペロハニーには独特な味わいがあり、他の多くのハチミツに比べて値が張る。この歌に登場する女性がテュペロハニーにたとえられているのは、彼女への賛辞と考えられる。同様に、「彼女はハニー」というフレーズは、やさしく親切な女性に対して使うものだ。イギリスの著名な作家ロアルド・ダールは児童書『マチルダは小さな大天才』（1988年）［宮下嶺夫訳。評論社］のなかで、ある登場人物にハニーという名をつけている。ダールの作品に登場する大人にしてはめずらしく、ミス・ジェニファー・ハニーはやさしい教師だ。アメリカ学校図書館協会は、彼女の名前にちなんだミス・ハニー社会正義賞を、教師と協力し教師を支援した図書館員に贈っている。

●文学とメディアにおけるハチミツ

ハチミツはよく英米のロマンス小説のタイトルに使われる。ハチミツの甘さと恋愛とを関連づけてのことだろう。また、ハチミツは昔から広く食べられてきたため、ヨーロッパの民話や伝説には日常生活に欠かせない食べ物として登場する。アレクセイ・トルストイによるロシアの物語「テリョーシャ Teryosha」はその一例だ。作中、母親が繰り返し息子に言う。「昼ごはんを食べに来なさい、テリョーシャ坊や。ミルクもカード［牛乳を固めて作った食品］もパンもハチミツもあるよ！」。物語では、魔女が母親の声をまねて少年をだまし、おびきよせようとする。(7)

ハチミツは児童文学でもさまざまな役割を果たしている。おそらくもっとも有名なのはA・A・ミルンの『くまのプーさん』だろう。1924〜1928年に出版された4巻本や、それに続くディズニーアニメで、プーの大好物がハチミツであることが知られている。『プー横丁にたった家』（1928年）［石井桃子訳。岩波書店］のなかで、人間の友達クリストファー・ロビンと交わされる会話からもそれはわかる。

「プー、世界で一番幸せなのは何をしているとき？」

「そうだね、一番幸せなのは……」プーはそう言ってから口ごもり、考えました。ハチミツを食べるのはとてもすてきだけど、食べ始める前の瞬間のほうがもっとすてきなんです。でも、それをなんと言ったらいいのか、プーにはわかりませんでした。

プーはやや宿命論者的だが、ちょっと哲学者のようなところがある。『くまのプーさん』では次

E.H. シェパードの楽しい挿絵が入った『くまのプーさん』。A.A. ミルン作。

のように考えている。「ぼくが思うに、ミツバチがいるのはハチミツを作るためだ……ハチミツを作るのはなぜかというと、そうすればぼくが食べられるからだ」

ウォルト・ディズニーは１９６６年に漫画のキャラクターとしてハチミツの壺を持ったプーをデビューさせ、ミルンの作品を世界中に広めた。このプーのイメージと彼のハチミツ壺は、衣類、インテリア製品、食器、おもちゃといった子供向けの商品に今でもよく見られる。ハチミツ好きといえば、ヨギ・ベア［日本では「クマゴロー」と名づけられた］も有名だ。ウィリアム・ハンナとジョセフ・バーベラが１９５８年に作ったクマのキャラクターである。テレビアニメや漫画本に登場するヨギは、ハチミツを壺やハチの巣から直接食べている。ヨギの相棒の子グマ、ブーブーは、ヨギを手伝ってハチミ

クマは昔からハチミツと結びつけられてきた。このロシアの漫画のなかで、クマはハチミツを盗もうとしてミツバチに刺されている。

ヴェンツェスラウス・ホラー（1607～1677年）『クマとハチミツ』（エッチング）

クマのハチミツ好きをうまく使った政治漫画。「モスクワっ子のクマ」がイギリスの養蜂箱を見てよだれを垂らしている。

ツを手に入れる。その最中に2頭はたびたびトラブルに巻き込まれる。その後ブーブーの名は、2012年に始まったアメリカのリアリティ番組『ハニー・ブーブーがやってくる *Here Comes Honey Boo Boo*』に使われた。ひとりの女の子が美少女コンテストに参加する話だ。タイトルは、「ハニー」を愛情をこめた呼びかけの言葉として使っている。

「ハチミツ」は他の多くの芸術分野、すなわち文学、音楽、視覚芸術、演劇にも登場している。他の食べ物と一緒に出てくる場面が多いが、甘いものに含まれる言外の意味、さらには誘惑、偽りといった他の意味もそこにこめられていることが多い。強い影響力を持つ現代アメリカの女性ばかりのゴスペルグループ、スウィート・ハニー・イン・ザ・ロックは、その名前を聖書の詩編81章17説から採っている。「スウィート・ハニーとは、非常に豊かな土地のことです。岩を砕けばハチミツが滴り落ちる。それが私たちアフリカ系アメリカ人の女たちに似ていると思ったのです……岩のように強いが、なかにはハチミツ、つまり甘く豊かなものがあるのだ、と[8]」

◉ハチミツを取り巻く物質文化

ハチミツに関係した芸術品は意外な場所に見られる。ハチミツを入れる容器だ。よくあるのは砂糖壺と同じくらいの大きさの陶器の壺で、ふたにはハチミツサーバーを入れても閉められるように切れ込みが開いている。サーバーは木製あるいは金属製で、ハチの巣形をしていることが多く、(理論上は)ハチミツを垂らさずに壺から移せるようにできている。こういった陶器はイギリス、日本、

左：装飾のあるハチミツ入れ、1871 ～ 93年。右：ハチミツ壺と受け皿、1798 ～ 99年。

ふたつきのハチミツ入れ、1870 ～ 90年。

アメリカなどで製造されている。古風な民芸調だったり、ハチミツとハチのつながりを表現したりしているものが多い。ハチの巣の形をしていたり、ハチの絵が描かれていたり、ハチの形の装飾がつけられていたりするのだ。クマをかたどった容器も人気がある。とくにポーランドでは、凝った絵が描かれた壺が伝統的に作られている。

ガラス製で、ハチミツが固まらないように、湯を入れる小さなボウルが下部についたハチミツ壺もある。壺そのものは独特な面白い形やデザインをしていることが多い。たとえばクリスタルや金属、あるいは銀のふたのついたクリスタルの壺が、少なくとも1800年代半ばには、ロシアや東欧の他の地域で趣味のいい食器のスタンダードだった。木製や金属製の容器も使われ、さまざまなデザインが生まれた。たとえばロシアのアンティークの銀製のハチミツ壺は、カバノキの皮に似せた作りになっている。(9)

ハチミツ壺の芸術的なデザインは、18世紀と19世紀の食文化においてハチミツが重要な存在だったことを示唆している。そういったデザインの壺は、ディナーテーブルに飾るのに、あるいは他の美しい食器と飾るのにふさわしくないものだった。今日、ハチミツ壺はお茶の時間や朝食時に食卓に出されることが多い。ハチミツの小さな壺は土産物や贈り物として人気があり、ラベルに新郎新婦の名前を書いて結婚式の記念品にする場合もある。

アメリカで市販されているハチミツは、ハチミツとクマの関係に目をつけている。今ではおなじみとなったプラスチック製のクマの形をしたハチミツ容器は、1957年に初めて売り出された。

ビーハイヴハウス（ユタ州ソルトレイクシティ）

考案したのはダッチゴールドハニー社を創設したラルフとルエラのギャンバー夫妻である。この容器は瞬く間に人気を博し、多くの消費者が、この容器だと使いやすく、従来のハチミツ壺よりもべたつかないとよろこんだ。

伝統的なヨーロッパの養蜂箱は、アメリカの大衆文化に影響を与えた。その形はユタ州のシンボルマークとなり、州旗にも描かれている。実をいえば、ユタ州にあまりミツバチはおらず、ハチミツもほとんど作っていない。養蜂箱はモルモン教の開拓者が従事した産業と協調性を象徴しており、そういった意味で選ばれた。養蜂箱と多産の関係は、デール・カーネギーの格言でも触れられている。「ハチミツを集めたければ、ハチの巣を蹴飛ばすな」

短命に終わったものの、1960年代の文化で同じくらい注目すべきなのが、当時多くの女性を引きつけたヘアスタイル、「ビーハイヴ（養蜂箱）」だ。入念に逆毛を立て、長い髪を頭頂部に高く盛り上げたこの凝った髪型は、同時代のもうひとつのイメージ、つまり自由で楽で自然を愛するフラワーチルドレンの若者のイメージの対極に位置する。

ハチミツは世界中の表現形式に影響を与えてきたが、今ではハチミツが食習慣のなかで果たしてきた中心的役割は砂糖に奪われ、ハチミツが持つ豊かな象徴性にも陰りが見える。ハチミツはこうして神聖な物質から、呼びかけに使われたりする、かといって生活必需品ではないものに変わった。しかし近年はハチミツの利点が再評価されてきている。象徴やメタファーとしてのハチミツの複雑さもおそらく復活することだろう。

自然を模倣した建物。トルコ、ハッラーンにある養蜂箱型の家。

ハチの巣模様の建物。アブダビ空港。

第7章 ◉ ハチミツの未来

　ハチミツ人気は一周してもとの水準に戻ったように思われる。料理の分野では、ここ3～4世紀で砂糖がハチミツに取って代わったものの、ハチミツは古代文明の時代から培ってきた健康、薬、宗教、儀式との関係を決して完全に失ったわけではない。よくあることだが、そういったつながりの多くは民間の慣習として生き残り、今、科学によって正当性を立証されつつある。一方、養蜂や天然ハチミツ採取の伝統は個人やグループによって世界中で続けられており、さまざまな社会運動や文化運動（とくに世界の変化と自然環境の関係を意識している運動）、食材の製造、そして各地域での起業支援は、ハチミツに対する新たな関心を呼び起こすのに役立っている。

　産業的な食品システムと食の安全への疑問、食べ物（と生活全般）に対する西洋独特な姿勢を見直そうという考え、自由市場資本主義に対する政治的な抗議、そして総合的で自然なライフスタイルへの方向転換、さらには新たな味わいを試してみたい欲求が世界的に広がっていることがハチミツに新たな関心を向ける一因となり、人々にもっとハチミツを食べるよう促している。新たなメディアや技術が生まれ、人々の移動が盛んになり、世界が狭くなった現在、ハチミツに多種多様の風味があることが広く知られ、入手することも容易になった。それがますます人々の好奇心をそそり、特別なハチミツや、こぢんまりと個人的な規模で作られる地方のハチミツへの評価にもつながっている。ハチミツに再び関心が向けられているのは根無し草のような心もとなさを人々が感じているから、と言ってもよいかもしれない。そういった感覚はグローバル化した現代社会にあまねく広がっているが、おそらく特定の地域と強く結びついた食べ物を食べることによってそんな気持ちが軽減され、その土地ならではの味わい（テロワール）が生まれ、精神的な土台が形作られるのだろう。

残念ながら、現在市販されているハチミツの安全と品質、さらにはミツバチの群れ《コロニー》とハチミツ生産の未来は、薔薇色とは言えない。病気、害虫、ダニ、生息地の減少、農薬（とくにネオニコチノイド）、単一栽培、気候変動、別種のハチの流入——アメリカでも他の国々でも、ミツバチの群れ《コロニー》に脅威を与えている問題は数多い。

２００６年から翌年にかけて、アメリカの養蜂家は養蜂箱の30〜90パーセントを失ったという。巣のなかにハチミツと花粉は十分あるのに、突然働きバチが減少したのである。これは蜂群《ほうぐん》崩壊症候群（ＣＣＤ）と呼ばれ、アメリカのみならず、ヨーロッパの養蜂家の間でも問題になっている。科学者は、いくつかの園芸植物がネオニコチノイドを使って栽培され、それが植物の組織に浸透していることを突き止めた。(1) この殺虫剤はミツバチに深刻な神経障害を引き起こす。巣を出たミツバチは帰り道がわからなくなってしまうのだ。ハチを特定の穀物に受粉させるため、養蜂家は養蜂箱をあちこちに移動する――こうしたあたりまえのやり方がかえってCCDの蔓延を招き、ミツバチが弱ったところに天敵であるダニがここぞとばかりに攻撃をしかけてくる。その結果、ミツバチの個体数はさらに減少する悪循環に陥ってしまう。また、世界のいくつかの地域では、天然ハチミツを得る伝統的な方法が営巣地や群れ《コロニー》を破壊してしまった。

現在、こうした事態への解決策のひとつとして、ミツバチの繁殖に力が入れられている。その一例がバックファスト・ビーだ。デボン（イングランド南西部）のバックファスト修道院にちなんで名づけられたハチである。イギリス諸島で寄生ダニが猛威を振るっていた20世紀初め、それに対抗できるミツバチを、この修道院の修道士ブラザー・アダムが育てた。イギリスのミツバチとイタリアから輸入した女王バチを交配させたのを皮切りに、ブラザー・アダムは70年以上も研究を重ね、世界中のさまざまな種を取り寄せてバックファスト・ビーを作り上げた。

ブラザー・アダムは新たな種を作るためにさまざまな種を交配したが、現代では産業化された農業で広く使われている殺虫剤や除草剤の影響と戦うために、行きすぎた技術を使って遺伝子操作されたミツバチを育てる是非をめぐって議論が紛糾している。(2) 失敗例がブラジルの「キラーミツバチ」だ。これが北に移動して在来種を脅かす可能性が懸念されている。気候変動で気温が変化したら、そういったことも十分起こりうるのだ。

グローバル化や新自由主義の通商政策も、私たちの食べ物すべて（ハチミツも含む）の品質と安

スプーンからしたたるハチミツ。粘性がわかる。

全性と味に影響を及ぼしている。産業的な食品システムのなかでは、ハチミツは単なる商品となり、どれだけの利益を生むかで評価される[3]。ひとまとめにして安い値段で売ったり、生産や流通を管理できたりする巨大企業の台頭により、小規模生産者は消えていく。その結果、薄められたハチミツが多くなり、消費者は安価だが質の悪いものを選ぶようになった。製品は標準化・均質化され、特定の場所や植物源を示す味のニュアンスは失われた。

偽物のハチミツが売られる事件も起こっている。ハチミツは他の甘味料よりもずっと高値で売れるからだ。2013年には、中国の企業がコーンシロップをハチミツと偽って販売している。しかしそのような人工ハチミツ事件は、実は新しい話ではない。紀元前5世紀のギリシアの歴史家へロドトスによれば、ペルシアのクセルクセス王の軍が小麦その他の材料で作った代用ハチミツを発見しているし、リビアでは遊牧民のギュザンテス人がハチミツの代用品を作っていたという。[4] このような代用ハチミツは、本物を味わったことがない人々や安価な食べ物しか買わない人々の間でハチミツとしてまかり通ってきた。

さらに、大規模な産業的食品システムのなかでは、消費者の安全やその産業のなかで働く人々の幸福がないがしろにされてしまう。２００２年には一部の中国産ハチミツに抗生物質のクロラムフェニコールが含まれていることが判明した。場合によっては致命的な貧血を引き起こしうる物質だ。農民はといえば、殺虫剤や除草剤を使うようさまざまに圧力をかけられるが、そうした薬剤はミツバチに悪影響を及ぼし、残留物質によりハチミツが汚染される可能性もある。

そのような懸念に応えるべく、ハチミツの品質を保証し、継続的なハチミツ生産を目指す団体がいくつも設立された。米国ハチミツ生産者協会、豪州養蜂産業協議会、ニュージーランドのユニーク・マヌカ・ファクターハチミツ協会などはその例で、ほかにも多くの団体が世界中に誕生している。ハチミツにばかり力を入れているわけではないが、農業関係者は概してミツバチの健康をきわめて重視している。ミツバチは主要穀物の受粉に利用されるからだ（同時に、穀物生産は上質なハチミツの生産に大いに役立つ）。

また、現在ミツバチに影響を与えている諸問題は、天然資源保護協議会（ＮＲＤＣ／本部はニューヨーク）、ＥＵ（２０１３年にミツバチに有害だとされる３種類の農薬の使用を禁じた）、環境正義財団（ＥＪＦ／本部はイギリス）、農薬行動ネットワーク（ＰＡＮ）欧州支部、アメリカを基盤にした「地球の友」といった多くの環境団体から危機的だとみなされている。ハチミツに新たな関心（食品としてだけでなく、薬や化粧品として）が集まれば、ミツバチの受粉媒介者としての役割を支援することに役立つ。

ハチミツに未来はあるだろうか。現在出版されている料理書の豊富さ、趣味や家内工業としての養蜂の人気、自然食品やミツバチの重要性に対する関心の高まりから判断すると、ハチミツが昔のように重視される可能性は大だと思われる。ハチミツの前には甘美な未来が開けている――そう言ってよい、と私は思っている。

謝辞

本書の執筆にあたっては、民俗学者で地域社会活動家ならびに養蜂の専門家であるスーザン・エレウテリオに深く感謝している。スーザンは第2章のハチミツの生産に関する箇所の多くを執筆してくれた。他の部分も彼女のハチミツに関する知識と鋭い編集の目に負うところが大きい。彼女の熱意によって私の調査と執筆ははかどった。彼女の友情は計り知れないほど貴重なものである。Reaktion Booksのedible シリーズの編集者アンドルー・F・スミスは、本書の執筆を私に勧めてくれただけでなく、食が学術的なテーマとして流行する前から食の研究をするよう勧めてくれた人物である。1990年代半ば、食物について研究する者はひと握りしかいなかった。私たちは互いが発見した話を聞き、私たちの仕事の重要性を信じる気持ちを確認しあった。アンドルーはつねに熱心に支援してくれた。私は彼の励ましに感謝している。

家族も、本書の執筆に大きな役割を果たしてくれた。父と暮らしていた頃、とくに南アパラチアでの思い出の多くは食べ物にまつわるものだ。父の生まれた土地で父と過ごすのが私は好きだった。アパラチア山中の森や野原をよく散策したものだ。たいていはどこかで食事をとるのだが、地元のハチミツがよく使われていた。私の子供たちもそれぞれのやり方で貢献してくれた。ハンナは探検が好きで、散歩や現地調査旅行に勇敢に同行してくれた。また時間を割いては、ハチミツで作ったさまざまな化粧品やスキンケア用品を試してくれた。ウィットに富んだウィルは、甘くて陽気な雰囲気を生活にもたらしてくれた。イアンは原稿に目を通し、生物学や植物学や栄養学についての専門的知識を私に授けてくれた。また、医療効果があることで知られる特別高級なソバのハチミツを買うのを大目に見てくれた。幼い頃の思い出も含め、子供たちにまつわるすべては、私にとってハチミツのように甘やかなものなのだ。

訳者あとがき

「ハチミツ」。なんと甘美な響きだろう。そこから連想されるのは、とろっとした食感、黄金色の輝き、独特な風味をもつ甘さだ。口に含めば、多くのひとにこのうえない幸福感を与えてくれる。ハチミツがはるか昔から食べられてきたことは、旧約聖書の「乳と蜜の流れる土地」という言葉からもうかがえる。世界中で長年にわたり愛されてきたハチミツがどのように食べられ、飲まれ、文化に取り入れられてきたのかを余すことなく伝えてくれるのが、本書『ハチミツの歴史 *Honey: A Global History*』だ。さまざまな食材や料理の歴史について読み解く「食」の図書館シリーズの一冊で、イギリスの Reaktion Books から刊行されている原シリーズ（The Edible Series）は、２０１０年、料理やワインについての良書を選定するアンドレ・シモン賞の特別賞を受賞している。

ハチミツがどのように食べられてきたのか、と述べたが、わが身を振り返って考えれば、バリエーションのあまりの少なさに恥ずかしくなる。パンやホットケーキにかけたり、レモン入りの飲み物にたらしたり、ごくたまに煮物や菓子作りに使う程度だ。日本人のハチミツ消費量は年々増加しているとはいえ、ひとりあたりの消費量はアメリカの6割、ドイツの3割程度にすぎないという。

私のようにまだまだハチミツを使いこなせていないひとも多いのではないだろうか。その理由のひとつには、日本の養蜂の歴史が他地域に比べて浅いことも関係しているかもしれない。ハチミツと人間とのかかわりは旧石器時代にさかのぼる。スペインの洞窟壁画には、ハチミツを採取するようすが描かれている。養蜂もかなり古くから行なわれており、すでに古代エジプトでは転地養蜂が行なわれていたという。日本で養蜂が最初に試みられたのは7世紀のことで、本格的に行なわれるようになったのは江戸時代からだというから、日本はハチミツに関して歴史的に新参者の部類に入るといってもいいかもしれない。中東や東欧や中央アジアでは、ハチミツが儀式や祝祭に食べられることも多く、まさに文化に深く定着している感がある。料理法もさまざまで、それについては本文や巻末のレシピを参考にしていただければ、もっと深く広くハチミツを楽しめると思う。

そんなハチミツだが、一時は砂糖人気に押され、廃れかけていた時代もあった。産業や交易の発展、さらには宗教改革の影響を受け、安価な砂糖が主流となり、もともと高価だったハチミツはさらに贅沢品となって、しだいに重要性が失われていったからだ。しかし最近では、健康志向の高まりから、ハチミツの良さが再び見直されつつあるという。ニュージーランドのマヌカハニーの薬効に注目が集まっているほか、やはりミツバチの生産品であるローヤルゼリーやプロポリス、蜂花粉への関心の高さは、健康食品の広告からも明らかだ。

だが不安材料もある。もっとも深刻な問題はミツバチの減少だろう。本文でも触れられているとおり、環境の変動、病害虫など、さまざまな原因が考えられるが、一番懸念されているのが農薬の影響だ。植物に染み込んだ農薬がミツバチの神経系統に作用し、巣に帰れなくなる蜂群崩壊症候群は養蜂家を悩ませている。ミツバチの危機はハチミツの生産量減少を引き起こすだけではない。人間が食べる野菜や果物のうち、受粉を昆虫に頼っているものは少なくとも１３０種に及び、ミツバチに頼っているものも多い。ミツバチがいなくなると、当然野菜や果物の生産量が打撃を被ることになる。雑草のない美しい風景や効率重視にはしりすぎたことが、かえって首をしめる結果になっているのはなんとも皮肉だ。

本書の刊行にあたっては、多くの方々にお世話になった。とくに原書房の中村剛さん、本書を訳す機会を与えてくださったオフィス・スズキの鈴木由紀子さんに、この場を借りて心からの感謝を申し上げたい。

２０１７年11月

大山　晶

license): p. 24, Wolfgang Sauber: p. 11 (reproduced under the terms of a Creative Commons Attribution-Share Alike 4.0 International license); photo © Smaglov/iStock-photoLP: p. 6; photo Storye_book (licensed under the Creative Commons Attribution 3.0 Unported license): p. 24; photo theimpulsivebuy (licensed under the Creative Commons Attribution-ShareAlike 2.0 Generic license): p. 74; photo Thien Gretchen (licensed under the Creative Commons Attribution-ShareAlike 2.0 Generic license): p. 29下; photo UMass Amherst Libraries at the University of Massachusetts Amherst in Amherst, Massachusetts: p. 50下; photos Wellcome Images (reproduced under the terms of a Creative Commons Attribution only licence CC BY 4.0): pp. 44, 46, 49, 52, 103, 105, 110, 127, 137, 138; from *The Works of Virgil: Containing his Pastorals, Georgics, and Æneis. Translated into English Verse; by Mr. [John] Dryden* ... (London, 1697): p. 35.

写真ならびに図版への謝辞

図版の提供と掲載を許可してくれた関係者にお礼を申し上げる。

Achillea (reproduced under the terms of a GNU General Public License - full licensing terms can be found at https://www.gnu.org/licenses/gpl.html): p. 18; photos by or courtesy of the author: pp. 8, 20, 70, 72, 78, 109, 112; photo Biswarup Ganguly (licensed under the Creative Commons Attribution 3.0 Unported license): p. 23; British Museum, London: p. 25下; photo Lance Cheung/U.S. Department of Agriculture (licensed under the Creative Commons Attribution 2.0 Generic license): pp. 53; photo CBW/Alamy Stock Photo: p. 136; photo DucDigital (licensed under the Creative Commons Attribution-NoDerivs 2.0 Generic license): p. 73; FreeImages.com/AYakuban: p. 29上; FreeImages.com/Corey Mathews: p. 57; FreeImages.com/huhu: p. 15; FreeImages.com/MadMaven/T. S. Heisele: p. 39; FreeImages.com/Mamat Bilang: p. 149; FreeImages.com/Philip Niewold: p. 145下; photo Carol M. Highsmith (Carol M. Highsmith Archive, Library of Congress, Washington, DC, Prints and Photographs Division): p. 143; photo Shannon Holman (reproduced under the terms of a Creative Commons Attribution 2.0 Generic licence): p. 62; photo Charles Hose/Welcome Library, London (reproduced under the terms of a Creative Commons Attribution only licence CC BY 4.0): p. 43; The J. Paul Getty Museum: p. 27 (gift of Lily Tomlin-digital image Courtesy of the Getty's Open Content Program); photo by Michael Leaman: p.98; photo Russell Lee/Library of Congress, Washington, DC (Prints and Photographs Division): p. 32; photos Library of Congress, Washington, DC (Prints and Photographs Division): pp. 50上, 56上, 56下, 84, 132, 139, 145上; Los Angeles County Museum of Art: p. 141右　上; Maidstone Museum, Kent: p. 25上; The Metropolitan Museum of Art: pp. 64, 66, 107, 141左上, 141下; The National Gallery, London: p. 130; The New York Academy of Medicine, NYC (photo Jeff Dahl): p. 115; from The New York Public Library Digital Collections (George Arents Collection): pp. 36; from John Ogilby, *The Fables of Æsop Paraphras'd in Verse: Adorn'd with Sculpture and Illustrated with Annotations* (London, 1695): p. 138; photo Arthur Rothstein/Library of Congress, Washington, DC (U.S. Farm Security Administration/Office of War Information): p. 54; photo Sacca (licensed under the Creative Commons Attribution-Share Alike 2.5 Generic, 2.0 Generic and 1.0 Generic

Penner, Lucille Recht, *The Honey Book* (New York, 1980)
Pinto, Maria Lo, *The Honey Cookbook: Recipes for Healthy Living* (New York, 1993)
Pundyk, Grace, *The Honey Trail: In Pursuit of Liquid Gold and Vanishing Bees* (New York, 2010)
Radošević, Petar, 'Honey in Roman Culture', *Bee World*, LXXXVI/3 (2010), p. 58.
Ransome, Hilda M., *The Sacred Bee in Ancient Times and Folklore* (New York, 2004)
Readicker-Henderson, E., and Ilona, *A Short History of the Honey Bee: Humans, Flowers, and Bees in the Eternal Chase for Honey* (Portland, OR, 2009)
Root, A. I., *The abc and xyz of Bee Culture: A Cyclopedia of Everything Pertaining to the Care of the Honey-bee; Bees, Hives, Honey, Implements, Honeyplants, Etc.* (Medina, OH, 1917)
Rusden, Moses, *A Further Discovery of Bees: Treating of the Nature, Government, Generation & Preservation of the Bee: With the Experiments and Improvements Arising from the Keeping them in Transparent Boxes, Instead of Straw-hives: Also Proper Directions (to All Such as Keep Bees) as Well to Prevent their Robbing in Straw-hives, as their Killing in the Colonies* (London, 1679)
Sammataro, Diana, and Alphonse Avitabile, *The Beekeeper's Handbook* (Ithaca, NY, 1998)
Schacker, Michael (foreword by Bill McKibben), *A Spring without Bees: How Colony Collapse Disorder has Endangered our Food Supply* (Guildford, CT, 2008)
Traynor, Joe, *Honey: The Gourmet Medicine* (Bakersfield, ca, 2002)
Wilson, Bee, *The Hive: The Story of the Honeybee and Us* (New York, 2006)
Wilson-Rich, Noah, Kelly Allin, Norman Carreck and Andrea Quigley, *The Bee: A Natural History* (Princeton, NJ, 2014) [『世界のミツバチ・ハナバチ百科図鑑』ノア・ウィルソン＝リッチ著　原野健一監修　河出書房新社　2015年]
Winston, Mark L., *Beetime: Lessons From the Hive* (Cambridge, 2014)

参考文献

Atkins, Edward Laurence, and Roy A. Grout, *The Hive and the Honey Bee: A New Book on Beekeeping Which Continues the Tradition of 'Langstroth on the Hive and the Honeybee'* (Hamilton, IL, 1975)

Birchall, Elizabeth, *In Praise of Bees: A Cabinet of Curiosities* (Shrewsbury, 2014)

Bishop, Holley, *Robbing the Bees: A Biography of Honey, the Sweet Liquid Gold that Seduced the World* (New York, 2005)

Buchmann, Stephen, with Banning Repplier, *Letters from the Hive: An Intimate History of Bees, Honey, and Humankind* (New York, 2005)

Columella, *De re rustica* (Bologna, 1504)

Crane, Eva, ed., *Honey, A Comprehensive Survey* (New York, 1975)

———, *The World History of Beekeeping and Honey Hunting* (New York, 1999)

Delaplane, Keith S., *First Lessons in Beekeeping* (Hamilton, IL, 2007)

Ellis, Hattie, *Honey: A Complete Guide to Honey's Flavors and Culinary Uses with over 80 Recipes* (New York, 2014)

Flottum, Kim, *The Backyard Beekeeper's Honey Handbook: A Guide to Creating, Harvesting, and Cooking with Natural Honeys* (Beverly, MA, 2009)

Frisch, Karl Von, *The Dancing Bees: An Account of the Life and Senses of the Honey Bee* (New York, 1955)

Horn, Tammy, *Bees in America: How the Honey Bee Shaped a Nation* (Lexington, ky, 2005)

Hubbell, Sue, *A Book of Bees: And How to Keep Them* (New York, 1988) [『ミツバチと暮らす四季』スー・ハベル著　片岡真由美訳　晶文社　1999年]

Jones, Richard, and Sharon Sweeney-Lynch, *The Beekeeper's Bible: Bees, Honey, Recipes & Other Home Uses* (New York, 2011)

Masterton, Laurey, *The Fresh Honey Cookbook / 84 Recipes from a Beekeeper's Kitchen* (New York, 2013)

Nasi, Andrea, Ilaria Rattazzi, and Franz Rivetti, *The Honey Handbook: An Introduction to New and Exciting Uses for Nature's Most Perfect Food* (New York, 1978)

Nordhaus, Hannah, *The Beekeeper's Lament: How One Man and Half a Billion Honey Bees Help Feed America* (New York, 2011)

レシピ集

ハチミツは養蜂箱や巣からそのまま直接食べることが可能で，多くの熱烈な愛好者は，ハチミツの香りや質感を十分に味わい，栄養上の利点を十分に生かすには，それが一番だと考えている。だが，私たちの多くはそのような濾過していない生のハチミツを食べる機会がない。調理していない状態で（シロップや甘味料やトッピングとして）単独で食べるか，あるいは他の食材と混ぜて食べることが多い。ハチミツを使ったレシピはシンプルで，他の糖類に代えて「好みにあわせてハチミツを加える」といった程度だ。場合によっては，ハチミツそのものに他の香味料や食材を加える場合もある。

ハチミツは時代を超えて世界中で広く使われてきたため，レシピは言語や宗教や文化の境界を超え，ユニークなその土地ならではの伝統料理がある一方で，かなり類似したものも多い。現代ではハチミツの代わりに砂糖を使うようになったレシピもあるが，自然食品への関心が高まりを見せているおかげで，ハチミツが再び注目されるようになってきた。また，ハチミツは日常の食品として食べられてきた一方で，文化や時代により儀式で食べられてきたハチミツ料理も多い。

ハチミツ飲料も同様の変化をたどった。非常に長い歴史を持つものが多いのは，ハチミツは他の飲み物にたらしたり単独で飲み物になったりするからだろう。ハチミツに水を混ぜると自然に醱酵し，人間がほとんど介入しなくてもアルコール飲料に変わる。必要なのは水，空気，時間だけだ。だが醱酵を促進し管理を容易にするために，穀類や他の物質と醱酵させることも多い。

歴史的なレシピ

◉エジプト風ハチミツケーキ

ハチミツは古代世界全域で菓子やパンの甘味料およびつなぎとして使われた。粉はどんな穀類でもよい。種子類が加えられることも多かった。紀元前1450年頃のエジプトの墓には，ふたりの男がナツメヤシの粉で作ったハチミツケーキを揚げている絵が描かれている。ここでは現代風にアレンジしたレシピを紹介しておく。

卵…3個
ハチミツ…220g（⅔カップ）
スペルト小麦粉…75g（½カップ）
バニラエッセンス…小さじ1あるいはオレンジ（またはレモン）の皮（好みで）

1. オーブンを170℃に温め，焼き型に油を塗っておく。
2. 電動ミキサーで卵をしっかり泡立てる。
3. ハチミツをゆっくり加えると，生地がさらにもったりしてくる。
4. 粉を振るい，泡を消さないように3に混ぜる。
5. 用意しておいた焼き型に生地を流し入れ，オーブンで焼く。45分たったら，焼き具合をチェックする（途中でオーブンのドアを何度も開けるとケーキがしぼむので注意する）。
6. 約55分で焼きあがる（楊枝を刺して何もついてこなければよい）。焼きあがったケーキはハチミツが入っているため濃い茶色になっているはずだ。10分間冷まして型からはずし，供する直前にハチミツをかける。温かいうちに食べるのが一番おいしい。

◉ギリシアとローマのチーズケーキ

紀元前5世紀のギリシアの劇作家エウリピデスの『クレタの女たち』には「金色のミツバチの濃いハチミツにひたされたチーズケーキ」が出てくる。数世紀後，ローマのチーズケーキはプラチェンタと呼ばれ，200年にはギリシアの作家アテナイオスが「黄褐色のハチミツが，ゼウスの娘の平皿に入れられた凝固したヤギの乳と混ぜられる」と記している。次に挙げるのはローマのチーズケーキのレシピである。

（4人分）
小麦粉…140*g*（1カップ）
リコッタチーズ…325*g*（1½カップ）
卵…1個（泡立てておく）
バニラエッセンス（好みで）…小さじ1
ローリエ…4～8枚
ハチミツ…170*g*（½カップ）

1. 大きなボウルに小麦粉を振るっておく。
2. 別のボウルにチーズを入れ，やわらかくクリーム状になるまで攪拌する。
3. チーズと卵を粉に混ぜ，さらに好みでバニラエッセンスを加える。
4. 打ち粉をした台の上でやわらかい生地をこね，4つに分ける。
5. 4つに分けた生地をそれぞれ丸め，油を塗った天板に並べ，それぞれの下にローリエを1，2枚ずつ敷く。
6. オーブンを220℃に温める。
7. ケーキを浅い陶器か金属ボウルかキャセロール皿（ローマ人は「レンガ」か，テストと呼ばれるドーム型の陶器のカバーを使った）で覆う。
8. 35～40分，あるいは金茶色になるまで焼く。
9. 小鍋でハチミツを温め，それをカバーに使ったキャセロール皿（あるいは新しいキャセロール皿）に流し込む。温かいケーキをそのなかに入れ，時々ひっくり返しながら30分かけてハチミツをしみこませる。

◉パステリ（ギリシアのゴマ「キャンディ」）

パステリのようなゴマキャンディは，現在東アジアや中東で作られている。現代のレシピのなかには，湯で溶かしたブラウンシュガーをハチミツに混ぜるものもある。韓国のレシピでは黒ゴマと，もっと一般的な白ゴマも使う。

（約36個分）
オレンジハチミツ…170g（½カップ）
ゴマ…225g
オレンジウォーター（高級食品専門店で手に入る。水で代用してもよい）

1. 厚手のソースパンにハチミツを入れ，15分間中火にかける。
2. ゴマを入れてよくかき混ぜる。5分間絶えずかき混ぜ続ける。
3. バットか大理石板の上にオレンジウォーターを少量注ぐ。バット全体に行渡るよう，数回傾ける。
4. 2を3に流し入れ，厚さ1.25cmに広げて室温で冷ます。
5. 2.5cm四方に切る。それぞれをゴムべらで返し，2～3時間，網の上で乾かす。
6. 耐油紙に挟み，密閉容器に入れて保存する。

◉豆の卵ソースがけウィテリウス風

古代ローマ人はハチミツで甘みをつけたソースを，野菜，肉，魚によくかけていた。ウィテリウス帝が在位していたのは69年のわずか8か月だけだったが，彼の料理人のひとりは有名な美食家アピキウスだった。4世紀から5世紀にかけて編纂されたローマのレシピのコレクションは，アピキウスの功績でこのレシピも含まれている。最初の料理書と考えられる『アピキウス』にはさまざまなハチミツソースが紹介されている。これらのソースは，魚，ゆでたダチョウ，ローストしたツル，野生のイノシシ，キュウリなど，多くの料理に使われている。

（4人分）
水…120ml
エンドウ豆（生あるいは冷凍）…300g（2カップ）
かたゆで卵の黄身…2個
黒コショウ…小さじ½
ショウガのすりおろし…小さじ½
塩…小さじ¼
ハチミツ…大さじ2
ワインビネガー…小さじ1
油…大さじ1

1. 分量の水を沸騰させ，エンドウ豆を入れ，火を弱める。ふたをして，やわらかくなるまで15分ほど煮る（冷凍食品の場合は袋の指示に従う）。水が足りなくなったら足す。
2. 豆の水気を切り，保温のためふたをしておく。

3. 豆を煮ている間に卵黄をつぶし，黒コショウ，ショウガ，塩を加える。
4. 3にハチミツ，ワインビネガー，油を加え，なめらかになるまで攪拌する。
5. 4を小鍋に入れ，煮立たせる。
6. 火からおろし，豆とあえ，供する。

……………………………………………

◉ローマ風ゆで卵，松の実ソース添え

酢に浸しておいた松の実…60*g*（½カップ）
コショウ…ひとつまみ
ラヴィッジ（またはセロリの葉）…ひとつまみ
ハチミツ…小さじ1
酢…大さじ3
ガルム（魚醤）
中程度にゆでた卵…4個

1. 松の実をあらかじめ3～4時間，酢につけておく。
2. 卵以外のすべての材料をブレンダー［ミキサー］で攪拌する。
3. できあがったソースを各人が自分でかけられるようソースボートに入れ，薄切りにした卵にかける。

ガルムは，次の現代のレシピで作る。

1. 1リットルのブドウジュースを，もとの分量の1/10になるまで煮つめる。
2. 煮詰めたジュースにアンチョビペースト大さじ2を加え，オレガノひとつまみを混ぜる。

……………………………………………

◉ローマ風ナツメヤシの甘煮

ナツメヤシのハチミツ漬けは中東や地中海地域全域で昔も今も食べられている。このレシピのバリエーションがドゥルキア・ドメスティカ（自家製デザート）で，種を抜いたナツメヤシ（生あるいは干したもの）にあらくつぶした松の実を詰め，塩を振り，ハチミツで煮る（またはハチミツで甘みをつけた赤ワインで煮る）。ナツメヤシの皮がはがれ始めたあたりが食べごろである。

（4人分）
ナツメヤシ…20個
アーモンド…20個
黒コショウ
塩
ハチミツ…170*g*（½カップ）

1. ナツメヤシの種を取り除く。
2. アーモンドに挽きたての黒コショウを振りかけ，ナツメヤシにひとつずつ詰めていく。
3. バットに薄く塩を敷き詰め，ナツメヤシをその上で転がす。
4. ナツメヤシを厚手の鍋に入れ，ハチミツをかけて火にかける。
5. 火を弱め，3分間煮る。
6. 温まったナツメヤシとソースをすくい，個々の皿に入れる。

◉パティナ・デ・ピリス（西洋梨）

（8～10人分）
西洋梨（皮をむいて芯を取り除いておく）…1*kg*
卵（黄身と白身に分けておく）…6個
コショウ（好みで）
粉末クミン…小さじ½
ハチミツ…大さじ4
パッスム（とても甘いローマのワインソース。ワインかブドウジュースを煮詰めて作ることができる）…100*ml*
塩…小さじ¼
オリーブオイル

1. オーブンをあらかじめ175℃に温めておく。
2. 洋梨をやわらかくなるまで煮てつぶし，軽く泡立てた卵黄，コショウ，クミン，ハチミツ，パッスム，塩，オリーブオイルを混ぜる。
3. 卵の白身を軽くツノが立つまで泡立てて2に混ぜ，キャセロールに入れてオーブンで約30分焼く。
4. コショウ少量を振りかけて供する。

◉サルダ・イタ・フィト（マグロ料理，『アピキウス』より）

（4人分）
マグロのフィレ…500*g*
コショウ…小さじ½
タイム…小さじ½
オレガノ…小さじ½
ヘンルーダ…小さじ½
きざんだナツメヤシ…150*g*（1カップ）
ハチミツ…大さじ1
白ワイン…50*ml*
ワインビネガー…大さじ2
グリーンオリーブオイル…大さじ2～3
かたゆで卵…4個（4つに切っておく。飾り用）

1. マグロを，身がほぐれるまで炒め，他の材料と混ぜ，つぶす。
2. 四つ切りにした卵で飾り，供する。

◉インド風ハチミツとゴマのフリッター

ハチミツはインド文化で特別な役割を果たしている。伝説によると，ブッダは悟りを開いたあとでハチミツを食べたという。別の折には，信者の争いを治めるため森のなかで瞑想していたブッダに，サルがハチの巣を持ってきた。このフリッターは，丸めて焼いてもよい。

（2人分）
ハチミツ…小さじ2，仕上げ用に余分のハチミツも用意しておく。
小麦粉…150*g*（1カップ）
水…240*ml*
油（揚げ油）

炒りゴマ…小さじ1

1. ボウルにハチミツと小麦粉を入れて混ぜ，水を加えてどろっとした生地を作る。
2. フライパンに油を熱し，生地を落とす。ひっくり返して両面が金色になるまで揚げる。
3. ペーパータオルなど，吸収性の紙を敷いた大皿に金色のフリッターを並べる。
4. 残りの生地も同様に揚げる。すべて揚がったら，ハチミツ（分量外）をたらし，ゴマを振る。熱いうちに供する。

◉グラブ・ジャムン

粉乳…70*g*（½カップ）
小麦粉…40*g*（⅓カップ）
ベーキングパウダー…小さじ½
粉末カルダモン…ふたつまみ
溶かしたギー（澄ましバター）…大さじ2
温めた牛乳…160*ml*（⅔カップ）
ハチミツ…340*g*（1カップ）
ローズウォーター（好みで）…小さじ1
水…約240*ml*（1カップ）
揚げ油

1. 粉乳，小麦粉，ベーキングパウダー，カルダモンひとつまみを大きなボウルに入れ，混ぜる。
2. 溶かしたバター，牛乳の順に加え，よく混ぜあわせる。覆いをして20分間休ませる。
3. 休ませている間にハチミツ，水，ローズウォーター，カルダモンひとつまみをスキレットのなかで混ぜあわせる。
4. ハチミツと水が混ざるまで煮立て，火からはずして置いておく。
5. 別のスキレットに中間の高さまで油を入れ，5分ほど中火にかける。
6. 生地をこね，20個ほどのボールに丸める。
7. スキレットの温度を下げて丸めた生地を落とし，2回にわけて揚げる。5分ほど揚げると，色はそれほど変わらないが，油の上に浮かんできて，最初の2倍ほどの大きさになる。生地が浮いてきたら火を強めて中温にし，金茶色になるまで生地をひっくり返して揚げる。
8. 金色になったら油を切り，吸収性の紙に載せ，少し冷ます。
9. すべて揚げ終わったら，シロップのスキレットに入れ，中温で5分間煮る。ボールをスポンジのように絞ってシロップを吸わせる。温かいままでも，冷やして食べてもおいしい。

◉フルーメンティ

手近な穀物で作れる粥は，ヨーロッパや中東全域——とくに農家——では毎日の基本的な食事だ。粥は特別な場合に，

このレシピのような「豪華版」となる。ハチミツは粥やパンによくたらされ，それは今日も変わらない。鉄板で焼くフラットブレッド（パンケーキ）は中世にはよく食べられていて，パンを焼くよりも簡単だった。ハチミツはシナモンと混ぜてトッピングに使われることもある。

（4人分）
牛乳…360*ml*（¾カップ）
アーモンドエッセンス…小さじ½
ハチミツ…大さじ2
粗挽き小麦…150*g*（1カップ）
卵黄…1個分
粉末サフラン（好みで）

1. 牛乳，アーモンドエッセンス，ハチミツを厚鍋に入れて混ぜ，火にかけ沸騰させる。
2. 粗挽き小麦を加え，火を弱める。
3. ふたをしてときどきかき混ぜながら，約15分間，小麦が汁を吸うまで煮る。
4. 火からおろし，卵黄を加えて混ぜる。
5. サフランをひとつまみ入れ，よく混ぜる。温かいままでも，冷たくしてもおいしい。

◉スパイスケーキとジンジャーブレッド

歴史的なレシピの情報源となるすばらしいウェブサイト，www.theoldfoodie.com から許可を得て使用する。トーマス・オースティン『15世紀の料理書 *Two Fifteenth-century Cookery-books*』（London, 1888）より。

初期のスパイスケーキ（ジンジャーブレッドとも呼ばれている）は，現代のスパイスケーキとはかなり異なる。普通は硬めで，材料のハチミツが醱酵するように数か月寝かせた生地を使用する。手で成型したり，型に入れて焼いたりして，練り粉で飾りをつける。フランスのパン・デピス，ドイツのレープクーヘン，ベルギーのクック・ド・ディナン，オランダのターイ・ターイなど，ヨーロッパ全域でさまざまな種類がある。昔スパイス取り引きの中心地だったドイツの都市名にちなんだニュルンベルガーというハチミツビスケットもある。興味深いことに，ここに載せた15世紀のジンジャーブレッドのレシピのように，多くのオリジナルレシピが残り物のパンくずを使用している。以下は中世のオリジナルのレシピをアレンジしたものだ。

ハチミツ…340*g*（1カップ）
おろしショウガ…小さじ1
粉末クローブ…小さじ⅛
粉末シナモン…小さじ⅛
白コショウ…小さじ¼
サフラン…ひとつまみ（好みで）
乾燥パン粉…170*g*（1½カップ）
アニス（フェンネル）シード…大さじ1

1. とろ火でハチミツを温める。
2. アニスシード以外のスパイスを加え，

かき混ぜる。
3. パン粉を加え，よく混ぜる。
4. ふたをしてもったりするまで中火で煮る（約15分）
5. 平らな場所に生地を広げ，約2*cm*厚さの正方形あるいは長方形に成型するか，あるいは小さな形に成型する。アニスシードを振りかけ，ナイフの側面を使ってそっと押しつける。冷まして薄切りにし，それから覆っておく（冷蔵庫に入れておく）。室温で供する。

……………………………………………

◉ドゥース・アーム（鶏の牛乳ハチミツ煮）

古代ローマと同様に，中世ヨーロッパでもハチミツは肉用ソースの甘みづけによく利用された。ハチミツを使うと肉が傷みにくくなるうえ，金色の美しい仕上がりになる。

（6～8人分）
去勢鶏…1羽（3.5*kg*）
または鶏…2羽（各1.5*kg*）小さく切っておく
小麦粉…140*g*（1カップ）
塩…小さじ½
黒コショウ…小さじ½
油…110*g*（¼カップ）
牛乳…720*g*（3カップ）
ハチミツ…170*g*（½カップ）
きざみパセリ…大さじ3
粉末セージ…小さじ½
粉末セイヴォリー…小さじ1
粉末サフラン…（好みで）小さじ1
きざんだクルミ…100*g*（⅔カップ）

1. 鶏肉片と小麦粉，塩，コショウを丈夫な袋に入れ，袋ごと振って肉にまぶす。
2. 大きなフライパンに油を温め，鶏肉を入れて色づくまで両面を焼く。
3. 牛乳，ハチミツ，パセリ，セージ，セイヴォリー，サフランを混ぜ，鶏肉のフライパンに注ぎ入れる。
4. ふたをして火を弱め，とろ火で1時間から1時間半，煮込む。
5. フライパンを火からおろし，鶏肉とソースを皿に移す。上からクルミを振りかける。

……………………………………………

◉カメリーヌソース

このソースは14世紀のイギリスとフランスで，肉や魚に添えられた。このレシピが前の鶏のレシピと異なるのは，肉や魚にかける前に，ハチミツをパン粉も含む他の食材と煮る点である。

砕いた赤トウガラシ…小さじ⅛
牛肉ブイヨンまたはブロス…720*ml*（カップ3）
ハチミツ…大さじ3
ワインビネガー…大さじ1
シナモンスティック…2本
クローブ（ホール）…小さじ½

おろしショウガ…小さじ½
黒コショウ（ホール）…小さじ½
粉末メース…小さじ½
全粒小麦粉のパンを砕いたもの…75*g*（1½カップ）
塩
粉末シナモン

1. 砕いた赤トウガラシ，牛肉ブイヨン，ハチミツ，ワインビネガー，シナモンスティック，クローブ，ショウガ，黒コショウ，メースを厚手鍋に入れ，煮立たせる。火を弱め，ふたをして15分間煮る。
2. 砕いたパンを加え，時々かき混ぜながら，さらに30分とろ火で煮込む。
3. ソースを濾し器で濾し，注意深くソースを搾り，パンを取り除く。
4. 塩で味つけする。
5. グレイビーボートに流し入れ，シナモンを軽く振りかけ，焼いた肉に添えて供する。

………………………………………

●牛肉とジャガイモのツィメス

米国ハチミツ協会 www.honey.com の許可を得て転載している。分量は改めてある。

（4人分）
植物油…大さじ2
煮込み用牛肉…0.9*kg*　2.5～4*cm*角に切っておく
タマネギのみじん切り…300*g*（2カップ）
ニンジン…300*g*（2カップ）2.5*cm*幅に切っておく
ガーリックソルト…小さじ2
ジャガイモ…300*g*（2カップ）2.5*cm*角に切っておく
サツマイモ…300*g*（2カップ）2.5*cm*角に切っておく
ハチミツ…110*g*（⅓カップ）
粉末シナモン…小さじ½
コショウ…小さじ⅛
干しアンズ…120*g*（¾カップ）
種を抜いたプルーン…120*g*（¾カップ）
小麦粉（好みで）…大さじ2
パセリのみじん切り…大さじ2

1. 油大さじ1を厚手の5リットル鍋に入れ，中火にかける。牛肉を入れ，全面をこんがり茶色になるまで焼く。
2. 牛肉を鍋からいったん取り出し，必要なら残りの油を入れ，タマネギをしんなりするまで炒める。
3. 牛肉を鍋に戻し，ニンジン，塩を加え，材料がひたひたになるほどの水約960*ml*（4カップ）を入れる。煮立ったら火を弱め，ふたをして約1時間煮込む。
4. ジャガイモ，サツマイモ，ハチミツ，シナモン，コショウを加え，かき混ぜて再び沸騰させる。
5. 火を弱め，ふたをずらして30分，もしくはジャガイモにほぼ火がとおるまで煮込む。

6. ドライフルーツを加え，ふたを開けたまま30分あるいは牛肉がやわらかくなるまで煮込む。煮汁は少々とろみがつくが，必要なら小麦粉を水大さじ3で溶かし，かき混ぜながら入れる。再びひと煮立ちさせ，手早くかき混ぜる。パセリを振りかけて供する。

現代のレシピ

古代や中世の時代と同様に，ハチミツはケーキやパンに使われ続けている。とくに東ヨーロッパでハチミツは愛されており，また特別な折に使われる傾向が強い。ロシアやウクライナのハチミツケーキはクルミやリンゴ入りが多く，8月に3回にわたって催される三救世主の収穫祭に作られる。8月14日にハチミツ収穫，8月19日にリンゴその他の果物の収穫，8月29日に木の実の収穫を祝うのだ。こういったケーキの多くは，乳製品をベースにした詰め物が層状に挟まれる。ユダヤの伝統的な料理も同様で，ハチミツを食材であると同時に，人生の甘美さの象徴として扱う。

◉レケク

ユダヤ系アメリカ人の料理・食品研究者イヴ・ヨフノヴィッツのレシピ。彼女によれば，ソバのハチミツがこの伝統的なユダヤのハチミツケーキに独特な味わいを与えているという。許可を得てwww.inmolaraan.blogspot.com を参照した。

小麦粉（一部もしくはすべて全粒粉の製菓用小麦粉を使ってもよい）…900*g*（6カップ）
粉末ショウガ…大さじ1弱
粉末シナモン…大さじ1
粉末クローブ…小さじ⅜
ナツメグ…少量
砂糖…400*g*（2カップ）
ベーキングパウダー…大さじ2
ベーキングソーダ…小さじ1
ココア…75*g*（½カップ）
※乾燥した材料は一緒に振るっておく

以下の材料は，プロセッサーかブレンダーで混ぜておく
オレンジ（種と芯を除いておく。皮と果肉を使う）…2個
ショウガジャム…50*g*（¼カップ）
ソバのハチミツ…340*g*(約1½カップ)
油…325*g*（1½カップ）
バニラ…小さじ2
スリヴォヴィッツ…大さじ2
卵…8個（最後に加える）

以下の材料は混ぜておく
きざんだダーク（セミスイート）チョコレート…25*g*
きざんだ甘くないチョコレート…50*g*
インスタントコーヒー…大さじ2
湯…120*ml*（½カップ）

1. オレンジなどを混ぜたところにチョコレートとコーヒーを入れて混ぜ，乾燥材料に混ぜ込む。
2. すりつぶしたリンゴ3個（大）を混ぜる。
3. ケーキの焼き型3～4個に流し入れ，クルミを上にのせ，230℃で5分，さらに200℃で5分，180℃で20分焼く。火の通り具合を調べる。大きなケーキなら3個，カップケーキなら3ダース，中型なら4個できる。このケーキは，とくに全粒粉を使った場合，冷蔵庫に入れずに1日寝かせたほうがおいしい。冷蔵せずに2週間以上もつ。

....

◉ハチミツバニラ・カーニク

イヴ・ヨフノヴィッツは，このほとんど生の菜食主義者の「チーズケーキ」を「過越しの祭り」に供している。

生のカシュー…150*g*（1カップ）
麻の実…75*g*（½カップ）
バンブーハニーもしくは他の風味豊かなハチミツ…85～170*g*（¼～½カップ）
ココナッツオイル…大さじ2
塩…小さじ¼
寒天…大さじ2
バニラビーンズの種
ペストリーの生地…1枚（15*cm*）

1. カシューと麻の実を一晩水に漬けておく。
2. 1の水気を切り，水360*ml*，ハチミツ，油，塩を加え，ブレンダーを使って数分間高速で混ぜる。
3. 2と寒天を混ぜて温め，寒天が溶けたら，底が取り外せる15*cm*のケーキ型にペストリー生地を敷いて流し入れる。生地はなくてもよい。また，カップやボウルに入れてもよい。固まるまで置いておく。

....

◉バクラヴァ

スー・マノスの家族のレシピを許可を得て使用した。

バクラヴァはトルコや中東，さらには東欧の一部で食べられる。どちらかといえばお菓子とみなされ，小麦粉で作られる。

[バクラヴァの材料]
砕いたクルミ…900*g*（9½カップ）
砂糖…200*g*（1カップ）
シナモン…大さじ1½
溶かしバター…340*g*
粉末クローブ…小さじ¼
オレンジエッセンス…3～8滴
フィロの生地…900*g*（解凍し，使うまで冷蔵庫に入れておく。解凍に電子レンジは使わないこと）

[シロップの材料]
砂糖…400*g*（2カップ）

水…450*ml*（2カップ）
ハチミツ…680*g*（2カップ）
シナモンスティック…2本
オレンジかレモンの果汁…1個分
オレンジかレモンの皮をおろしたもの

1. 砕いたクルミと砂糖とスパイスを混ぜる。
2. 33×23*cm*の型に油を塗る。フィロの生地10枚を，2枚ごとにバターをたっぷり塗って重ね，1の半量をのせる。さらに数枚フィロとバターを重ね，残りの1をのせる。さらに8～10枚のフィロをのせ，一番上にバターを塗る。
3. 焼く前に好みの四角形に切れ目を入れ，さらに半分に切れ目を入れて三角形にする。上の数層を切っておくだけでよい（焼いてから切ろうとすると，上の層が崩れてしまう）。
4. 175℃で45分，あるいは金茶色になるまで焼く。
5. バクラヴァを焼いている間に，シロップの材料すべてを10分間煮ておく。
6. 冷たい容器にシロップを移し，シナモンスティックを取り除いて十分に冷ます。オレンジあるいはレモンの皮をおろしたものを濾す人が多いが，これは好みによる。バクラヴァが焼きあがったら，温かいバクラヴァに冷たいシロップをかける。シロップが染み込み，バクラヴァが冷めるまで置いておく。

…………………………………………

◉サザン・ライスプディング，ハチミツ添え

これはアメリカ南部（ノースカロライナ）育ちの私が食べていたものに近いレシピで，母と祖母の料理がもとになっている。ふたりとも料理が上手で，書かれたレシピの助けを借りずによく料理していた。子供時代の私はこのデザートが大好きで，食べると今も心が安らぐ。残りご飯を使うのはすばらしいアイデアで，他の穀類や麺類にも応用できる。

1. 米飯320*g*（1½カップ）を使うか，あるいは200*g*（1カップ）の白米もしくは玄米を450*ml*（2カップ）の水で炊く。
2. オーブンを170℃に温めておく。
3. 卵3個を泡立て，牛乳450*ml*（2カップ），ハチミツ170*g*（½カップ），バニラ小さじ1と塩小さじ½をあわせる。よく混ぜて，米飯とレーズン50*g*（⅓カップ）を入れる。
4. ガラスの焼き皿か，ひとり用のガラスカップに注ぎ入れ，30分焼く。
5. かき混ぜてナツメグ少々をすりおろして入れるか，シナモンを上から振りかけ，さらに30分焼く。ナイフを入れてみて透明な汁が出てくるようなら焼きあがっている。
6. 冷やす（母からの助言。カップは冷蔵庫の奥に隠しておくこと。さもないとあっという間に食べられてしまうから）。

◉グラノーラ

1960年代の「大地へ帰れ運動」の象徴で，今日も「ヒッピー」のライフスタイルや環境保護主義者とよく関係づけられるグラノーラは，1863年にニューヨーク州ダンズヴィルのジャクソン・サナトリウムで，ジェームズ・ケイレブ・ジャクソンによって医療目的で考案された。ジョン・ハーベイ・ケロッグも「グラニューラ」と呼ばれる同様のシリアルを開発した。ここに挙げるレシピは用途が広く，どんな食材ともあわせられる。

押しオート麦…270*g*（2½カップ）
ブラウンシュガー…大さじ3
シナモン…小さじ½
塩…小さじ¼
ハチミツ…110*g*（⅓カップ）
植物油…60*ml*（¼カップ）
バニラエッセンス…小さじ1
さいの目に切ったドライフルーツ…100*g*（½カップ）
焼いてきざんだナッツ，種子類…75*g*（½カップ）

1. オート麦，砂糖，シナモン，塩を混ぜあわせる。
2. ハチミツ，油，バニラを混ぜあわせ，1に注ぎ入れる。
3. すべてを混ぜ，ベーキングシートの上に薄く広げる。150℃で20分焼く。ときどきかき混ぜる。
4. フルーツとナッツを加え，かき混ぜる。油を塗った平らな台に広げて冷ます。小片に分け，密閉容器に入れて保存する。

◉ハニーグレーズドハム

アメリカでイースターの夕食に人気のメニュー。

（15人分）
ハム（未調理のもの）…2.5*kg*
クローブ（ホール）…25*g*（¼カップ）
ダーク・コーンシロップ…160*g*（¼カップ）
ハチミツ…680*g*（2カップ）
バター…150*g*（⅔カップ）

1. オーブンを170℃に温める。
2. ハチミツ，バター，シロップを湯煎にかけてグレーズ（つやだし液）を作る。
3. ハムに穴をあけ，クローブを刺す。
4. ハムをオーブンに入れ，中心に火が通るまで，10分から15分ごとにつやだし液をかけながら約50分間焼く。最後の5分間は直火にかけ，グレーズをカラメルにする。

肉，家禽，魚，野菜，果物用の他のグレーズのレシピを次に挙げておく。

ライトブラウンシュガー…300*g*（1½

カップ）
クローバーハチミツ…170g（½カップ）

あるいは

オレンジジュース…320ml（1カップ）
マスタード（できれば全粒）…125g（½カップ）
ハチミツ…85g（¼カップ）

あるいは

リンゴ酢…60ml（¼カップ）
ハチミツ…170g（½カップ）
ウスターソース…小さじ1
無塩バター…大さじ3
きざんだタイム…大さじ3

グレーズの材料を鍋に入れ，中火でなめらかになるまで煮る。調理しながら料理にかける。

……………………………………………

◉サーモンまたはチキンのハチミツ焼き

（4人分）
サーモンのフィレまたは鶏胸肉…4切れ
塩・コショウ
小麦粉…大さじ4
ハチミツ…170g（½カップ）
オリーブオイル…大さじ2

1. フィレまたは胸肉に塩コショウをする。
2. フィレまたは胸肉それぞれに小麦粉大さじ1をまぶし，ハチミツ大さじ1を塗る。
3. オリーブオイルを中温に熱し，片面あたり2分ずつ焼く。
4. ふたをして火を弱め，6～8分間焼くか，あるいは200℃でふたをせず，8～10分間焼く。

……………………………………………

◉照り焼きハニーチキン

米国ハチミツ協会 www.honey.com の許可を得て使用。

（4～6人分）
ハチミツ…170g（½カップ）
醤油…140g（½カップ）
シェリー酒…60g（¼カップ）
おろしショウガ…小さじ1
つぶしたニンニク…2かけ
フライ用鶏肉，切ったもの…1.5kg

1. 鶏肉をプラスチックの保存袋か大きめのガラスの焼き皿に入れる。
2. 残りの材料を小さなボウルに混ぜあわせ，鶏肉にかける。
3. 保存袋のチャックを閉める，あるいは皿をラップで覆い，少なくとも6時間，途中2～3回ひっくり返しながら冷蔵庫でマリネする。
4. 鶏肉をマリネ液から出し，漬け汁は取っておく。
5. 鍋にアルミホイルを敷き，網を置い

て鶏肉をのせ，さらに上からホイルをかぶせる。175℃で30分焼く。ふたを取り，漬け汁を刷毛で塗る。ふたを取ったまま，ときどき漬け汁を塗りながら，30～45分，あるいは火が通るまで焼く。生のショウガの代わりに粉末ショウガ小さじ2を使ってもよい。

……………………………………………

◉ラム肉と干しイチジクのタジン

米国ハチミツ協会 www.honey.com より許可を得て転載。

（4人分）
オリーブオイル…大さじ3
きざみタマネギ…150*g*（1カップ）
モロッコのスパイスブレンド（ラスエルハヌート）…小さじ1
粉末ターメリック…小さじ½
粉末シナモン…小さじ½
2.5*cm*角に形を整えたラム・サーロイン…0.75～1*kg*
塩…小さじ½
挽きたての黒コショウ
缶入りダイストマト（汁も）…425*g*
無塩のチキンブイヨン…½カップ
干したイチジク，またはプルーンまたはアンズ…12個
ニンジン（1*cm*角）…150*g*（1カップ）
ハチミツ…大さじ2
プリザーブドタイプのレモン角切り…大さじ1
または
レモンピールのみじん切り…小さじ1
コリアンダー（香菜）のみじん切り…大さじ2

1. オリーブオイルを大きめのダッチオーブンまたは蒸し煮用の鍋で温める。タマネギを少し入れてみて音を立てるほど熱くなったら，タマネギ，モロッコのスパイスブレンド，ターメリック，シナモンを入れる。
2. かき混ぜながら約5分間，あるいはタマネギが透明になるまで炒める。
3. ラム肉を加え，塩とたっぷりのコショウを振り掛ける。肉をひっくり返しながら，約5分間，または薄茶色になるまで焼く。
4. トマトとチキンブイヨンを加えて煮込む。火を弱め，ふたをして約30分煮込む。
5. イチジクとニンジンを加え，ふたをしてさらに30分，または肉がやわらかくなるまで煮込む。
6. ハチミツとレモンを入れてよくかき混ぜる。水分が多すぎるようなら火を強め，約5分あるいは水分が減るまで煮込む。
7. ソースの味をみて，必要なら塩，コショウを足す。コリアンダーを振りかけて供する。

……………………………………………

◉ハチミツのつやニンジン

これはアメリカ南部の著者の家族に伝

わるお気に入りのレシピだ。祝日，とくに感謝祭に作られることが多い。

(4人分)
縦方向にスライスしたニンジン，あるいはベビーキャロット（ゆでてあるもの）…500*g*
バター…大さじ1
ハチミツ…大さじ2
レモン汁…大さじ1
塩
黒コショウ
飾り用パセリのみじん切り…カップ¼

1. ニンジン，バター，ハチミツ，レモン汁を鍋に入れ，ふたをして強めの中火にかけ，つやを出す。
2. 塩コショウで味つけし，パセリを飾る。

…………………………………………

◉ハチミツのつやカボチャ，メキシコ風

以前メキシコのプエブロのレストランで，ハチミツでつやをつけたカボチャをデザートに食べたことがある。その店では食用コオロギを飾り，シナモンで香りづけしていたが，現代のレシピはスパイシーなメキシコ料理らしさを出すために，チリペッパーを加えることが多い。このレシピはおそらく起源が古い。

(8人分)
冬カボチャ（バナナカボチャ，栗カボチャ，バターナッツカボチャ，ドングリカボチャなど）…1*kg*（大なら1個，小なら2個）
バター…60*g*（¼カップ）
ハチミツ…大さじ¼
オレンジの皮…大さじ1
塩（好みで）
シナモン…小さじ¼
粉末チリペッパー（好みで）…小さじ¼

1. カボチャを洗って食べやすい大きさに切り，種とワタをすべて除く。
2. カボチャを皮を下にして焼き皿にのせ，190℃で約25分，やわらかくなるまで焼く。
3. 鍋を弱火にかけ，バターを溶かす。ハチミツ，塩，すりおろしたオレンジの皮を加える。
4. 3をカボチャにかけ，シナモンとコショウを振り，10分焼く，つやが出なければもう少し焼く。

…………………………………………

◉赤キャベツのハチミツ蒸し煮

このキャベツの甘酸っぱい味わいは，ペンシルヴァニアのオランダ，アーミッシュ，ドイツ系アメリカ人の料理の典型である。他の野菜でも応用できる。サヤマメ，小タマネギ，ニンジンでもおいしい。

バター…大さじ1
オリーブオイル…大さじ1

レッドオニオンの薄切り…1個分
青リンゴの薄切り…1個分
赤キャベツ（芯を除き薄切りにする）…1個分
リンゴ酢…60*ml*（¼カップ）
海塩…小さじ1
砕いた黒コショウ…小さじ1
ハチミツ…大さじ2

1. 大きめの鍋を中火にかけ，バターとオリーブオイルを中火で温める。レッドオニオンを入れ，3分間炒める。
2. リンゴと赤キャベツを加え，5分間炒める。
3. リンゴ酢，塩，コショウ，ハチミツを入れてかき混ぜる。
4. ふたをして，ときどきかき混ぜながら，キャベツがやわらかくなるまで20分間蒸し煮にする。

……………………………………………

◉ハニー・コールスロー

みじん切りにしたキャベツ…1.4*kg*(約1個)
細切りにしたニンジン…30*g*（¼カップ，中1本）
甘タマネギのみじん切り…大さじ2
マヨネーズ…120*g*（½カップ）
ハチミツ…110*g*（⅓カップ）
牛乳…大さじ2
バターミルク…大さじ2
ホワイトビネガー…大さじ1½
レモン汁…大さじ2½
海塩…小さじ½
挽きたてのコショウ…小さじ⅛

1. キャベツ，ニンジン，タマネギをみじん切りにする。
2. 大きめのボウルに残りの材料をあわせ，なめらかになるまで攪拌する。
3. 野菜を加え，よく混ぜる。
4. ふたをして最低2時間冷蔵庫で冷やしてから供する（コールスローの味がなじむのに時間がかかるので，この手順を抜かさないこと）。

……………………………………………

◉ハニーマスタード・ディップ

ディジョンマスタード…190*g*（¾カップ）
マヨネーズ…120*g*（½カップ）
ハチミツ…90*g*（¼カップ）
粉末レッドペッパー…小さじ¼
ガーリックソルト…小さじ⅛

材料をすべて混ぜあわせ，温かな，あるいは冷たい肉料理や野菜（生でも調理したものでも）に添える。

……………………………………………

◉ハニー・バーベキューソース

バターまたはマーガリン…60*g*(¼カップ)
タマネギ中1個（さいの目）…約150*g*（1カップ）
ケチャップ…340*g*（1カップ）

水…80*ml*（⅓カップ）
ハチミツ…90*g*（¼カップ）
レモン汁…大さじ2
ウスターソース…大さじ1
黒コショウ…小さじ¼

1. 鍋にバターを溶かし，タマネギを加えてしんなりするまで炒める。
2. 残りの材料を加え，煮立てる。
3. 火を弱め，よくかき混ぜながら5分間煮る。

……………………………………………

◉ミード

もっとも基本的で伝統的なミードのレシピは，ただハチミツと水を混ぜ，戸外に放置して醱酵させるというものだ。しかしこれには時間がかかり，おいしい飲み物になる保証はない。そこで現代のミードメーカーは，醱酵を促進するために酵母を加えるのが普通だ。ほとんどのレシピにはミード用に開発された特別な酵母が必要と書かれているが，シャンパン酵母，フリーズドライワイン，イースト栄養剤など，他の材料で代用できる。ビール醸造の設備は使用可能だが，道具は間にあわせでよい。ミードの味わいは使用するハチミツの味わいに左右されるので，それに応じて選ぶこと。また，ハチミツを使えば使うほどアルコール度数は高くなる。度数は一般的にビールより高い。

ハチミツ…5.5～8*kg*
水（樽入り，瓶詰め，または天然水推奨）…8～9リットル
酵母菌…7*g*（またはイーストフード小さじ5，醱酵促進剤小さじ5とイースト2包でもよい）

1. 水を沸騰させる。
2. 火からおろしてハチミツを加え，ハチミツが解けるまで混ぜる。30分ほど冷ます（手が入れられるくらいまで)。
3. 酵母菌をふたつきカップに入れたぬるま湯に溶かす。
4. ハチミツ水が冷めたら醱酵用の容器に入れ，酵母菌を入れてかき混ぜる。
5. ふたをして2週間から1か月醱酵させる。炭酸ガスの泡が1分に1回出てくるようになったら，ミードを2番目の醱酵容器に移し，少なくともさらに1か月熟成させる。
6. 透明になったら，さらに熟成させるための瓶に移してよい。

第1あるいは第2醱酵の間に，たとえば次のような材料を加えてもよい――洋梨4個，シナモンスティック4本，生ショウガ230*g*。

水の代わりにリンゴジュース（シードル）8リットルを使う方法もある。その場合は，冷凍イチゴ450*g*または冷凍ブルーベリー340*g*と，ピーチピューレ450*g*を，オレンジハチミツで作ったミードに加える（フルーツミードはしばしば

「メロメル」と呼ばれる)。

ひとつかみのホップを湯に加え，ハチミツの甘さを抑えてもよい。

《砂糖の代わりにハチミツを使う場合の一般的な注意事項》

ハチミツは甘藷糖や甜菜糖よりも甘いので，同じ甘さにするのにハチミツをそれほど多く加える必要はない。ハチミツ260*g*(¾カップ) は砂糖200*g*(1カップ) に置き換えることができる。

ハチミツは含水量が平均17.2パーセントであるうえ空気中から水分を引き寄せるので，砂糖で作ったものより焼き菓子がしっとりする。ハチミツはまた保存料の役割も果たす。ハチミツは砂糖に比べ水分が多いので，加える液体の量を減らす必要がある。ハチミツ350*g*(1カップ) あたり120*ml*減らす場合もある。

ハチミツは砂糖よりも焦げやすいので，焼く温度は低めにしなければならない。普通は約15℃下げるとよい。また，もしたれに使うなら，ハチミツが焦げないよう水を加えなければならない。

さらにくわしい情報については，アメリカを拠点にした米国ハチミツ協会が，レシピとともにハチミツを使った料理のこつをウェブサイト (www.honey.com) に掲載している。

注

第1章　ハチミツの甘い歴史

(1)　最初の年代については以下に示されている。'Study Finds Honey Bees Originated from Asia not Africa', www.entomologytoday.org, 25 August 2014, while the latter comes from Mark L. Winston, *Bee Time: Lessons From the Hive* (Cambridge, ma, 2014), p. 5.

(2)　Tammy Horn, 'Honey Bees: A History', www.newyorktimes.com, 11 April 2008.

(3)　Jaime Henderson, 'How Bees Came Buzzing to Los Angeles', www.kcit.org, 3 March 2014.

(4)　Peggy Trowbridge Filippone, 'Honey History', www.about.com, accessed 17 March 2015.

(5)　Stephen L. Buchmann and Banning Repplier, *Letters from the Hive: An Intimate History of Bees, Honey, and Humankind* (New York, 2005), p. 121.

(6)　Ibid., p. 124.

(7)　ヴェーダの讃歌については注5 p. 123を引用

(8)　ハチミツを使った儀式についてのさらなる詳細は多くのウェブサイトで見ることができる。一例は www.thaibuddhist.com.

(9)　Holley Bishop, *Robbing the Bees: A Biography of Honey, the Sweet Liquid Gold that Seduced the World* (New York, 2005), p. 45.

(10)　Aristotle quoted ibid., p. 45.

(11)　Quoted ibid., p. 49.

(12)　Quoted Buchmann with Repplier, *Letters from the Hive*, p. 213.

(13)　'Medieval Beekeeping', www.medievalists.net, 21 June 2015.

(14)　Kim Flottum, *The Backyard Beekeeper's Honey Handbook: A Guide to Creating, Harvesting, and Cooking with Natural Honeys* (Beverly, ma, 2009), p. 8.

(15)　Bee Wilson, *The Hive: The Story of the Honeybee and Us* (New York, 2006), p. 161.

(16)　Sydney Mintz, *Sweetness and Power: The Place of Sugar in Modern History* (New York, 1985).

(17)　Food and Agricultural Organization of the United Nations, 'Value-added Products from Beekeeping', www.fao.org, Section 2.5.1, accessed 17 March 2015.

(18)　Winston, *Bee Time*, p. 22.

第2章　ハチミツができるまで

(1)　Keith S. Delaplane, *First Lessons in Beekeeping* (Hamilton, IL, 2007), p. 6.

(2)　Ibid., p. 12.

(3)　Sue Hubbell, *A Book of Bees: And How to Keep Them* (New York, 1988), p. 78.

(4)　Stephen Buchmann with Banning Repplier, *Letters from the Hive: An Intimate History of Bees, Honey, and Humankind* (New York, 2005).

(5)　Karen Hursh Gruber, 'Honey: A Sweet Maya Legacy', www.mexconnect.com, 2 April 2009.

(6)　Eva Crane, *The World History of Beekeeping and Honey Hunting* (New York, 1999).

(7)　Hilda M. Ransome, *The Sacred Bee in Ancient Times and Folklore* (New York, 2004), p. 27.

(8)　Buchmann with Repplier, *Letters from the Hive*, p. 47.

(9)　Ransome, *The Sacred Bee.*

(10)　Dylan M. Imre, Lisa Young and Joyce Marcus, 'Ancient Maya Beekeeping (ca. 1000-1520 CE)', *University of Michigan Undergraduate Research Journal*, vii (2010), http://deepblue.lib. umich.edu, accessed 10 December 2015.

(11)　St Bernard, *Honey and Salt: Selected Spiritual Writings of Bernard of Clairvaux* (Visalia, ca, 2007).

(12)　米国ハチミツ協会についてのさらなる情報は以下を参照。www.honey.com. 'Status Report on the Health of the U.S. Honey Bee Industry', www.usda.gov, 14 August 2013 .

(13)　'Honey' (ISSN 1949-1492), National Agricultural Statistics Service (NASS) Agricultural Statistics Board, U.S. Department of Agriculture, www.usda.gov, 20 March 2015.

(14)　The U.S. Department of Agriculture and the U.S. Environmental Protection Agency, '2013 Report on the Stakeholder Conference on Honey Bee Health', www.extension.org, 3 May 2013.

第3章　ハチミツを食べる

(1)　Stephen Buchmann with Banning Repplier, *Letters from the Hive: An Intimate History of Bees, Honey, and Humankind* (New York, 2005,), p. 170.

(2)　Lucille Recht Penner, *The Honey Book* (New York, 1980), p. 97.

(3)　Holley Bishop, *Robbing the Bees: A Biography of Honey, the Sweet Liquid Gold that Seduced the World* (New York, 2005), p. 185.

(4) Elizabeth Birchall, *In Praise of Bees: A Cabinet of Curiosities* (Shrewsbury, 2014).
(5) Martin Grassberger et al., eds, *Biotherapy: History, Principles, and Practice* (New York, 2013).
(6) Bee Wilson, *The Hive: The Story of the Honeybee and Us* (New York, 2006), p. 152.
(7) Ibid., p. 175.
(8) Grace Pundyk, *The Honey Trail: In Pursuit of Liquid Gold and Vanishing Bees* (New York, 2010).
(9) Colin Turnbull, *The Forest People* (New York, 1961).
(10) 厳格菜食主義者という言葉は以下より。Donald Watson, 1944; quoted in 'Why Honey is Not Vegan', www.vegetus.org/honey/honey, accessed 17 March 2015.
(11) Hattie Ellis, *Honey: A Complete Guide to Honey's Flavours and Culinary Uses with over 80 Recipes* (New York, 2014), pp. 174-86.
(12) Quoted in Birchall, *In Praise of Bees*, p. 154.
(13) From Emily Dickinson, *Collected Poems*, Book iii, xii, (Boston, ma, 1924)
(14) ハチミツの等級についての詳細は以下を参照。 'USDA Honey Grading', www.honeytraveler.com, accessed 17 March 2015.

第4章 ハチミツを飲む

(1) Holley Bishop, *Robbing the Bees: A Biography of Honey, the Sweet Liquid Gold that Seduced the World* (New York, 2005), p. 181.
(2) Stephen Buchmann with Banning Repplier, *Letters from the Hive: An Intimate History of Bees, Honey, and Humankind* (New York, 2005), p. 143.
(3) See www.barnonedrinks.com, accessed 2 April 2015.
(4) Bee Wilson, *The Hive: The Story of the Honeybee and Us* (New York, 2006), p. 156.
(5) P. E. McGovern et al., 'Fermented Beverages of Pre-and Proto-historic China', *Proceedings of the National Academy of Sciences of the United States of America*, CI/51 (6 December 2004), pp. 17593 -8.
(6) Bishop, *Robbing the Bees*, p. 179.
(7) William Pokhlebkin, *A History of Vodka* (New York, 1992), p. 12.
(8) Ibid.
(9) Claire Preston, *Bee* (London, 2006).
(10) Bishop, *Robbing the Bees*, p. 178.
(11) 'Not Just for Renaissance Fairs: Mead Producers Triple in 10 Years', www.huffingtonpost.com; see 'Mead: Fastest Growing Segment in U.S. Alcohol Industry', www.meadist.com.

(12) Bee Wilson, for example, describes her distaste for it, in *The Hive*, p. 159.
(13) Joyce Miller, 'The Bee's Lees: A Collection of Mead Recipes' (1994), www.brewery.org/brewery/library/beeslees, accessed 2 April 2015.

第5章　薬であり　毒であり

(1) See 'Medicinal Uses of Honey', www.webmd.com, accessed 17 March 2015.
(2) Bee Wilson, *The Hive: The Story of the Honeybee and Us* (New York, 2006), p. 203.
(3) Stephen Buchmann with Banning Repplier, *Letters from the Hive: An Intimate History of Bees, Honey, and Humankind* (New York, 2005), p. 123.
(4) Wilson, *The Hive*, p. 198.
(5) Summarized and quoted from Buchmann with Repplier, *Letters from the Hive*, p. 213.
(6) Joseph Patrick Byrne, *Daily Life During the Black Death* (Westport, ct, 2006), p. 58.
(7) Apiservices - Beekeeping Virtual gallery, 'Dark Honey has More Illness-fighting Agents than Light Honey', www.beekeeping.com, accessed 10 February 2016.
(8) See 'Medicinal Uses of Honey', www.webmd.com, accessed 17 March 2015.
(9) P. H. Kwakman et al., 'How Honey Kills Bacteria', www.ncbi.nim.nih.gov, accessed 17 March 2015.
(10) Manisha Deb Mandal and Shyamapada Mandal, 'Honey: Its Medicinal Property and Antibacterial Activity', *Asian Pacific Journal of Tropical Biomedicine*, I/2 (April 2011), pp. 154-60, www.ncbi.nlm.nih.gov, accessed 20 March 2015.
(11) M. I. Khalil et al., 'Antioxidant Properties of Honey and its Role in Preventing Health Disorder', *Open Neutraceuticals Journal*, III (2010), pp. 6-16.
(12) Mandal and Mandal, 'Honey'.
(13) Farshad Hasanzadeh Kiabi et al., 'Can Honey be Used as an Adjunct in Treatment of Post Tonsillectomy Pain?', *Anesthesiolog y and Pain Medicine*, IV/5 (December 2014), www.ncbi.nlm.nih.gov, accessed 17 March 2015.
(14) Michael Murray, Joseph Pizzorno with Lara Pizzorno, *The Encyclopedia of Healing Foods* (New York, 2005), p. 649.
(15) See www.beesource.com, accessed 17 March 2015.
(16) See www.foodsafety.gov, accessed 17 March 2015.
(17) Wilson, *The Hive*, pp. 195-200.
(18) Murray, Pizzorno with Pizzorno, *The Encyclopedia of Healing Foods*.

(19) Buchmann with Repplier, *Letters from the Hive*, p. 137.
(20) James A. Kelhoffer, *The Diet of John the Baptist: Locusts and Wild Honey in Synoptic and Patristic Interpretation* (Mohr Siebeck, 2005), p. 90.
(21) Ibid., p. 87.
(22) Wilson, *The Hive*, p. 210.
(23) Joe Traynor, *Honey: The Gourmet Medicine* (Bakersfield, ca, 2002), p. 35.

第6章　ハチミツと文化

(1) For example, see www.honey-health.com.
(2) Tova Forti, 'Bee's Honey: From Realia to Metaphor in Biblical Wisdom Literature', *Vetus testamentum*, LVI/3 (July 2006), pp. 327-41.
(3) Stephen Buchmann with Banning Repplier, *Letters from the Hive: An Intimate History of Bees, Honey, and Humankind* (New York, 2005), p. 167.
(4) Ibid., p. 164.
(5) Buchmann with Repplier, *Letters from the Hive*, p. 133.
(6) See www.etymonline.com/index.php?term=honey.
(7) ロシア語の翻訳は以下を参照。 see www.russian-crafts.com.
(8) さらなる情報については以下のウェブサイトを参照。 www.sweethoneyintherock.org.
(9) ハチミツ壺については以下を参照。the Antique dealer Peter Szuhay, www.peterszuhay.com.

第7章　ハチミツの未来

(1) ミツバチについての最新情報は以下を参照。D. van Engelsdorp et al., 'Colony Collapse Disorder: A Descriptive Study', *PLoS One*, IV/8 (2010): e6481; Marge Dwyer, 'Study Strengthens Link Between Neonicotinoids and Collapse of Honey Bee Colonies', 9 May 2014, Harvard School for Public Health, www.hsph.harvard.edu.
(2) 現在の問題と解決法については以下。Charles C. Mann, photos by Anand Varma, 'Quest for a Superbee', *National Geographic* (May 2015), pp. 84-101.
(3) Stephen Buchmann with Banning Repplier, *Letters from the Hive: An Intimate History of Bees, Honey, and Humankind* (New York, 2005), p. 147.
(4) Elizabeth Birchall, *In Praise of Bees: A Cabinet of Curiosities* (Shrewsbury, 2014), p. 152.

ルーシー・M・ロング（Lucy M. Long）
食物に対する理解を深め，食物と人間がどのようにかかわっているかを研究する非営利団体「食物文化研究所」の創設者および所長。オハイオ州のボーリング・グリーン州立大学で教鞭をとるほか，食に関するさまざまな教育プログラム，ドキュメンタリービデオ，博物館での展示にかかわってきた。著書に『料理を旅する *Culinary Tourism*』（2004年），『現代アメリカエスニック料理事典 *Ethnic American Food Today: A Cultural Encyclopedia*』（2015年），編著書に『食物と民俗学読本 *The Food and Folklore Reader*』（2015年）などがある。

大山晶（おおやま・あきら）
1961年生まれ。大阪外国語大学外国語学部ロシア語科卒業。翻訳家。おもな訳書に『朝食の歴史』『アインシュタインとヒトラーの科学者』『「食」の図書館　バナナの歴史』（以上，原書房），『ポンペイ』『ナチスの戦争1918-1949』（以上，中央公論新社）などがある。

Honey: A Global History by Lucy M. Long
was first published by Reaktion Books in the Edible Series, London, UK, 2017

「食《しょく》」の図書館《としょかん》

ハチミツの歴史《れきし》

●

*2017*年 *12*月 *20*日　第 *1*刷

著者……………ルーシー・M・ロング
訳者……………大山《おおやま》 晶《あきら》
装幀……………佐々木正見
発行者……………成瀬雅人
発行所……………株式会社原書房

〒160-0022 東京都新宿区新宿 1-25-13
電話・代表 03(3354)0685
振替・00150-6-151594
http://www.harashobo.co.jp

印刷……………新灯印刷株式会社
製本……………東京美術紙工協業組合

ISBN 978-4-562-05411-4, Printed in Japan

ソースの歴史《「食」の図書館》
メアリアン・テブン著　伊藤はるみ訳

高級フランス料理からエスニック料理、B級ソースまで…世界中のソースを大研究！　実は難しいソースの定義、進化と伝播の歴史、各国ソースのお国柄、「うま味」の秘密など、ソースの歴史を楽しくたどる。

２２００円

水の歴史《「食」の図書館》
イアン・ミラー著　甲斐理恵子訳

安全な飲み水の歴史は実は短い。いや、飲めない地域は今も多い。不純物を除去、配管・運搬し、酒や炭酸水として飲み、高級商品にもする…古代から最新事情まで、水の驚きの歴史を描く。

２２００円

オレンジの歴史《「食」の図書館》
クラリッサ・ハイマン著　大間知知子訳

甘くてジューシー、ちょっぴり苦いオレンジは、エキゾチックな富の象徴、芸術家の霊感の源だった。原産地中国から世界中に伝播した歴史と、さまざまな文化や食生活に残した足跡をたどる。

２２００円

ナッツの歴史《「食」の図書館》
ケン・アルバーラ著　田口未和訳

クルミ、アーモンド、ピスタチオ…独特の存在感を放つナッツは、ヘルシーな自然食品として再び注目を集めている。世界の食文化にナッツはどのように取り入れられていったのか。多彩なレシピも紹介。

２２００円

ソーセージの歴史《「食」の図書館》
ゲイリー・アレン著　伊藤綺訳

古代エジプト時代からあったソーセージ。原料、つくり方、食べ方…地域によって驚くほど違う世界中のソーセージの歴史。馬肉や血液、腸以外のケーシング（皮）などの珍しいソーセージについてもふれる。

２２００円

（価格は税別）

脂肪の歴史《「食」の図書館》

ミシェル・フィリポフ著　服部千佳子訳

絶対に必要だが嫌われ者…脂肪。油、バター、ラードほか、おいしさの要であるだけでなく、豊かさ（同時に「退廃」）の象徴でもある脂肪の驚きの歴史。良い脂肪／悪い脂肪論や代替品の歴史にもふれる。　２２００円

バナナの歴史《「食」の図書館》

ローナ・ピアッティ＝ファーネル著　大山晶訳

誰もが好きなバナナの歴史は、意外にも波瀾万丈。栽培の始まりから神話や聖書との関係、非情なプランテーション経営、「バナナ大虐殺事件」に至るまで、さまざまな視点でたどる。世界のバナナ料理も紹介。　２２００円

サラダの歴史《「食」の図書館》

ジュディス・ウェインラウブ著　田口未和訳

緑の葉野菜に塩味のディップ…古代のシンプルなサラダがヨーロッパから世界に伝わるにつれ、風土や文化に合わせて多彩なレシピを生み出していく。前菜から今ではメイン料理にもなったサラダの驚きの歴史。　２２００円

パスタと麵の歴史《「食」の図書館》

カンタ・シェルク著　龍和子訳

イタリアの伝統的パスタについてはもちろん、悠久の歴史を誇る中国の麵、アメリカのパスタ事情、アジアや中東の麵料理、日本のそば／うどん／即席麵など、世界中のパスタと麵の進化を追う。　２２００円

タマネギとニンニクの歴史《「食」の図書館》

マーサ・ジェイ著　服部千佳子訳

主役ではないが絶対に欠かせず、吸血鬼を撃退し血液と心臓に良い。古代メソポタミアの昔から続く、タマネギやニンニクなどのアリウム属と人間の深い関係を描く。暮らし、交易、医療…意外な逸話を満載。　２２００円

（価格は税別）

カクテルの歴史《「食」の図書館》
ジョセフ・M・カーリン著　甲斐理恵子訳

氷やソーダ水の普及を受けて19世紀初頭にアメリカで生まれ、今では世界中で愛されているカクテル。原形となった「パンチ」との関係やカクテル誕生の謎、ファッションその他への影響や最新事情にも言及。　２２００円

メロンとスイカの歴史《「食」の図書館》
シルヴィア・ラブグレン著　龍和子訳

おいしいメロンはその昔、「魅力的だがきわめて危険」とされていた!? アフリカからシルクロードを経てアジア、南北アメリカへ…先史時代から現代までの世界のメロンとスイカの複雑で意外な歴史を追う。　２２００円

ホットドッグの歴史《「食」の図書館》
ブルース・クレイグ著　田口未和訳

ドイツからの移民が持ち込んだソーセージをパンにはさむ――この素朴な料理はなぜアメリカのソウルフードにまでなったのか。歴史、つくり方と売り方、名前の由来ほか、ホットドッグのすべて！　２２００円

トウガラシの歴史《「食」の図書館》
ヘザー・アーント・アンダーソン著　服部千佳子訳

マイルドなものから激辛まで数百種類。メソアメリカで数千年にわたり栽培されてきたトウガラシが、スペイン人によってヨーロッパに伝わり、世界中の料理に「なくてはならない」存在になるまでの物語。　２２００円

キャビアの歴史《「食」の図書館》
ニコラ・フレッチャー著　大久保庸子訳

ロシアの体制変換の影響を強く受けながらも常に世界を魅了してきたキャビアの歴史。生産・流通・消費についてはもちろん、ロシア以外のキャビア、乱獲問題、代用品、買い方・食べ方他にもふれる。　２２００円

（価格は税別）